人生就是要幸福

【日】水野敬也 长沼直树 著　卢胜男 译

海峡出版发行集团 | 鹭江出版社

2019年·厦门

动物比你懂得多。

—— 内资佩尔赛族谚语

序　言

　　远在人类在地球上诞生之前，动物就已完成各种进化，适应了地球上的生存环境。在"生存"这件事情上，动物的特性或行为给了我们无穷的智慧和莫大的疗愈。本书中出现的65种动物在各显神通之余，也将传授给我们与生存有关的"秘籍"。

一句小寒暄，今日大改变

One greeting can change the day.

◀ 正　面

动物们传授的

"生存秘籍"

背　面 ▶

想要进一步求解"生存秘籍"的读者请看背面。背面记载着"秘籍"相关的伟人轶事和名人名言。

02　一句小寒暄，今日大改变

[切·格瓦拉]　古巴革命家、政治家 | 1928—1967

古巴革命英雄切·格瓦拉，原名埃内斯托·格瓦拉，阿根廷人，原本是一位医生，在医疗条件很贫瘠的村子里为穷人们义务看诊。"切"是当地的一种寒暄用语，有"嗨""朋友啊"等意思。因为他经常使用"切"这个词，久而久之，这也就成了他的绰号，后来更成为其身份的象征。正因为切·格瓦拉广受群众爱戴，日后才得以引领古巴革命走向成功。

所以，日常生活的人际寒暄可是不容小觑的哟！

名人名言

如果人人都能注意到礼貌行为的细节，我们的生活将会更加快乐。
[桑尼·泰勒林]　英国喜剧演员、电影导演 | 1889—1977

工资或股票品然重要，但真心话却是无价之宝。
[萨姆·沃尔顿]　美国实业家、沃尔玛创始人 | 1918—1992

礼貌既有魅力也有利益。
[彼罗厄得斯]　古希腊诗人 | 约前480—前406

本书可作一般读物阅读，同时所有的页面均可以剪下。

喜欢的书页可以剪下来贴在想贴的地方，还可以赠送给亲朋好友。

赠送亲友。

贴在举目可见的地方。

给下属的"心灵鸡汤"。

分享给大家。

书中的小动物会一直伴你左右，为你的人生带来快乐与疗愈。

目　录

65种动物兵分七路，为我们倾囊相授其各自领域的"生存秘籍"。每一页的背面页首均标有编码，读者可按顺序从最初的"起点"开始阅读，也可跳读感兴趣的章节，享受自由阅读之旅。

若想了解动物名称或者特性，请阅读本书附录《动物一览》。

起点	1
挑战	21
放松	41
工作	57
交流	85
原则	109
爱	131
动物一览	145

START
起点

有志者，事竟成

Only those who think they can fly can ever really fly.

01 有志者，事竟成

[织田信长]　日本战国时期武将 | 1534—1582

提起织田信长，人们总会联想到他那自由奔放、豪爽磊落的性格。可为了打胜仗，他也懂得制定缜密的作战计划。其中最具代表性的当属"桶狭间合战"。在此战役中，信长并非一味地攻打今川义元，而是在义元从俊河出发后，命一位名为筑田政纲的家臣密切监视其踪迹。当接到报告"义元不急于向大高城进军，欲转头向南停止行军"时，信长才下令出兵。结果，信长仅以两千兵力便击溃义元两万五千大军。毛利新助①取下义元首级，万分感谢筑田政纲的恩情。

无论看起来多么不靠谱的梦想，肯定都会有实现的办法。追梦路上的你，需要的是一个具体的计划。

名人名言

敢于怀揣梦想，便能梦想成真。
[华特·迪斯尼] 迪斯尼公司创始人 | 1901—1966

人生最大的乐趣就是做别人认为你做不到的事情。
[沃尔特·白芝浩] 英国记者 | 1826—1877

完成一项伟大的事业，不仅需要行动，还需要梦想。
[阿纳托尔·法朗士] 法国诗人 | 1844—1924

① 译注：毛利新助为织田信长的手下。

一句小寒暄，今日大改变

One greeting can change the day.

02　一句小寒暄，今日大改变

[切·格瓦拉]　古巴革命家、政治家 | 1928—1967

古巴革命英雄切·格瓦拉，原名埃内斯托·格瓦拉，阿根廷人，原本是一位医生，在医疗条件很贫瘠的村子里为穷人们义务看诊。"切"是当地的一种寒暄用语，有"喂""朋友啊"等意思。因为他经常使用"切"这个词，久而久之，这也就成了他的绰号，后来更成为其身份的象征。正因为切·格瓦拉广受群众爱戴，日后才得以引领古巴革命走向成功。

所以，日常生活的人际寒暄可是不容小觑的哟！

名人名言

如果人人都能注意到礼貌行为的细节，我们的生活将会更加快乐。
[查尔斯·卓别林] 英国喜剧演员、电影导演 | 1889—1977

工资或股票虽然重要，但真心话却是无价之宝。
[萨姆·沃尔顿] 美国实业家、沃尔玛创始人 | 1918—1992

礼貌既有魅力也有利益。
[欧里庇得斯] 古希腊诗人 | 约前 480—前 406

爱需争取

Love through sheer force.

| 03 | 爱需争取 |

[北条政子] 日本镰仓时期女性、源赖朝正室 | 1157—1225

北条政子悉数拒绝了父亲北条时政提出的亲事，却在父亲前去京都时倾心于源赖朝。时政结束公务从京都回来后，得知此事勃然大怒："我绝不会把女儿嫁给一个连领地和家臣都没有的叫花子。"于是，时政强行把二人拆散，硬要将政子嫁给山木兼隆。出嫁当晚，政子冒着倾盆大雨从家中逃跑，奔走了20多公里的山路到达热海伊豆山，与赖朝得以相见。二人就这样结为连理，父亲时政便也认可了这桩婚事。

爱情面前，我们需要有战胜所有阻碍的坚强意志！

名人名言

爱是行动，不能只靠嘴。
[奥黛丽·赫本] 英国女演员 | 1929—1993

爱是一种主动活动，而不是一种被动情感。
[埃里希·弗罗姆] 德国社会心理学家 | 1900—1980

爱是茫茫人海中认定一人，从此以后绝不旁顾。
[列夫·托尔斯泰] 俄国作家 | 1828—1910

没有危机意识是最大的危机

If you have no sense of crisis, you are already in a pinch.

04 没有危机意识是最大的危机

[迈克尔·乔丹] 美国篮球运动员 | 1963—

迈克尔·乔丹 12 岁开始打篮球,但他当时并非一位出类拔萃的运动员,甚至都不是高中篮球部的正式队员。对此,乔丹回忆道:"当看到我的名字没有出现在正式运动员一列时,我非常伤心。但是,若没有那次挫折,我可能就变得骄傲自满了。"从那以后,乔丹在其他运动员结束训练回去之后仍继续练习,即使成了顶级职业选手,这个习惯也没有改变。他在创下辉煌成绩退役之后曾说:"我在职业生涯里投失过 9000 多次投篮,输掉了近 300 场比赛,错失了 26 次绝杀,辜负了大家的期待。我的人生失败不断。"

一直抱有危机感是施展能力的秘诀。

名人名言

"放心吧,没问题"——这一想法本身就是问题。
[安藤百福] 日清食品创始人 | 1910—2007

未来若安稳顺利,则谁都不会努力,人类也将灭绝。
[德怀特·艾森豪威尔] 美国第 34 任总统 | 1890—1969

一艘船如果没有压舱物,便不能稳定地朝着目的地前进。任何人都需要适度的担心和苦闷。
[亚瑟·叔本华] 德国哲学家 | 1788—1860

成了"欧巴桑"?

Turning into an "obachan"?

05　成了"欧巴桑"？

[伊丽莎白二世]　英国女王 | 1926—

伊丽莎白二世因其兼具威严与亲和力的气质，在英国国内深受欢迎。虽已是90多岁高龄，女王却能熟练操作各种电子产品。据说因受威廉王子的影响，女王也喜欢上了任天堂的"Wii"游戏机；手机刚拿到不久便能熟练使用，用起智能手机来也不在话下；因为喜欢，连iPod也有好几种不同颜色的款式，还曾使用YouTube向国民做圣诞惯例演讲。

永葆好奇心并积极尝试各种事物，是保持年轻的秘诀。

名人名言

我们不是因为衰老而停止玩乐，而是因为停止玩乐才会衰老。
[萧伯纳] 英国剧作家 | 1856—1950

任何人一旦停止学习就意味着老去，不管是20岁还是80岁。坚持学习的人永远年轻。
[亨利·福特] 福特汽车公司创始人 | 1863—1947

只要不忘开始，便会永葆年轻。
[马丁·布伯] 澳大利亚社会学家 | 1878—1965

适者生存

What is important is adaptability.

| 06 | 适者生存 |

[坂本龙马] 日本江户末期维新志士 | 1836—1867

龙马曾有这样一则小故事，据此可一窥他的处世风格。当时，土佐①境内流行身配长刀。龙马的朋友桧垣清治也紧跟潮流，颇为得意地拿着一把长刀。但是龙马却对桧垣说："与敌人交手时无法用长刀，这种刀才好用呢。"说着便拿出自己的短刀给他看。桧垣是个实在人，也随之弃了长刀，不久后遇到龙马说道："这次俺也配了把短刀。"只见龙马从怀里掏出一支手枪，解释道："手枪比短刀快多了。今后就要从耍刀弄棒的时代进入枪支炮弹的时代了。"不久桧垣和龙马再会时，龙马没拿武器而是捧着一本书，他说："这是介绍国际法的书。仅凭武力是不能与各国列强抗衡的。"

我们要让自己不断变化，以便跟上时代和环境的步伐。

名人名言

人可成万物，也可适应万物。
[陀思妥耶夫斯基] 俄国小说家 | 1821—1881

奢望别人来迎合自己是非常愚蠢的。
[歌德] 德国剧作家 | 1749—1832

入乡随俗。
[奥古斯丁] 古罗马神学家、哲学家 | 354—430

① 译注：现日本四国岛的南部，高知县全境。

纸包不住火

Secrets will get exposed.

07 纸包不住火

[圆山应举] 日本江户时期画家 | 1733—1795

圆山应举十分注重实景写生，有一则故事便是他这一特点的写照。有一天，圆山正在画板上画马，一位一直盯着画板看的男人说："我是马夫，所以有看马的眼力。迄今为止我看过很多有名画家画的马，但那都是些四不像的怪物。今天第一次见到可以称得上马的马。"那个男人接着说："可惜的是，这匹马却有一处败笔。从鼻子来看，这马的年龄是一岁，可是蹄子却画成了两岁的。"——实际上，圆山在画成之后确实对马鼻子做了改动。他深刻反思被指出的问题，对待写生的态度也更加严谨。

无论多么细微的地方，有眼力的人一看就能明白。即使无人监督，我们也要诚实做事。

名人名言

撒谎只有一个收获，那就是说实话的时候也没人相信你。
[伊索] 古希腊寓言家 | 约前 619—前 564

为了让一个谎言不漏破绽，需要用七个谎言来圆谎。
[马丁·路德] 德国神学家 | 1483—1546

诚实中才存在长久的幸福。
[利希滕贝格] 德国科学家 | 1742—1799

要微笑，勿愤怒

Rather than growl,show your smiley face.

08　要微笑，勿愤怒

[德川家康]　日本江户时期武将 | 1543—1616

德川家康住在京都二条城时，城内随处可见侮辱家康的不逊文字。这是因为老百姓支持已经去世的秀吉，对家康心怀不满。家臣想要抓出闹事者，家康却不以为意。他命人把城里乱写乱画的文字搜集并汇报上来。"此行径虽不是什么光明磊落之举，却可成为我的经验教训。"家康经常强调，"忍耐乃长久无事之基石，愤怒为敌。"正是继承了家康的这种精神品质，江户幕府才能有长达260年之久的统治。

所以，让人心生畏惧实为下策，应注意采取温和的措施。

名人名言

温柔的琴师，琴声温柔；粗暴的琴师，琴声粗暴。
[荷马] 古希腊诗人 | 约前8世纪

愤怒对他人不利，对发怒者本人更是百害无一利。
[列夫·托尔斯泰] 俄国作家 | 1828—1910

工作时要保持心情愉悦。这样工作也能顺利，身体也不易疲惫。
[阿道夫·瓦格纳] 德国经济学家 | 1835—1917

欲速则不达

Don't rush,don't rush.

| 09 | 欲速则不达 |

[安东尼奥·高迪]　西班牙建筑家 | 1852—1926

31 岁时，安东尼奥·高迪被任命为圣家族大教堂①的主建筑师。62 岁以后，他拒绝一切其他工作，全身心地投入到教堂建设中去。从中年到暮年，他在这个建筑上倾注了 40 余年的时间，据说因事故去世前夕，高迪还在圣家族大教堂一日的工作结束后对工匠们说："伙计们，明天要拿出更出色的工作！"

圣家族大教堂的建设全部竣工预计还需要 100 年，甚至 200 年。建设之路虽漫漫无期，但相信高迪的精神肯定会被世代传承。

伟大的目标不可能一蹴而就。一边欣赏路上的旖旎风光，一边稳步前行吧。

名人名言

人类所有的错误均来自于急躁。匆忙之中失了全面，将事情煞有介事地做做样子，急于求成。
[弗兰兹·卡夫卡] 奥地利小说家 | 1883—1924

要攀登危险的山峰，稳步前行是第一条件。
[威廉·莎士比亚] 英国剧作家 | 1564—1616

失败源于急躁。
[希罗多德] 古希腊历史学家 | 前 485—前 420

① 译注：又称神圣家族教堂。

CHALLENGE

挑战

打破常规

Make a splash.

| 10 | 打破常规 |

[理查德·布兰森]　维珍（Virgin）品牌创始人 | 1950—

理查德·布兰森是一位敢于挑战不同领域的创业者，其涉足领域涵盖音乐、铁路、饮料、航空等。他创业的契机是对现有服务的不满。创立音乐事业是由于他喜欢的演奏家没有个人唱片品牌；创建航空公司是由于他乘坐的航班被取消，导致他对航空公司的体系深感不满。布兰森心想："要是自己来做的话，将会改变很多人的生活。"于是他总是朝着新领域不断挑战，提供迄今为止没有的服务。

对眼前生活的不满和挑战可为世界带来改变。

名人名言

深谙现状的人让自己适应世界，坚持对抗的人却努力让世界适应自己。所以进步都是由坚持对抗的人带来的。
[萧伯纳] 英国剧作家 | 1856—1950

拥有新主意的人在其想法实现之前不过是个另类。
[马克·吐温] 美国小说家 | 1835—1910

天才的特点就是不让自己的思想走上别人预设的轨道。
[司汤达] 法国小说家 | 1783—1842

唯有行动！

Dear ,you just gotta do it!

11 唯有行动！

[本田宗一郎] 本田汽车创始人 | 1906—1991

1970年，《大气净化法》——俗称《马斯基法》得以修正，该法规定必须将汽车尾气中一氧化碳、碳氢化合物、氮氧化物的含量降至原来的1/10以下。当时人们一致认为世界上所有的汽车厂商都不可能达到这一标准。在这场改革中，本田宗一郎看到汽车尾气排放对策组的员工整天只知道埋头查阅相关文献，便忍不住怒声批评道："你们就只会优哉游哉地凭空想象却不付诸行动。要是我的话就会马上行动起来！"就这样，宗一郎的激将法起了作用，员工们研发出第一个符合《马斯基法》标准的CVCC发动机技术，凭借这一技术，原本在汽车领域处于劣势的本田一跃成为世界汽车行业的领头羊。

不管未来充满多少艰难险阻，只要抱着奋力一试的决心勇往直前，定会开辟出一条康庄大道。

名人名言

有一定的知识储备，就不会贸然行动。
但是，若决定放手一搏的话，也许会有意外收获。
[松下幸之助] 松下电器创始人 | 1894—1989

我从不等待兴致的来临。如果你一味等待，就将一事无成。你必须牢记，只有动手才能有所得。
[赛珍珠] 美国小说家 | 1892—1973

同志们，让我们行动起来，去做轰动世界的大事吧！
[卡斯伯特·科林伍德] 英国海军中将 | 1748—1810

先声夺人

Life is about headfirst sliding.

12 先声夺人

[格雷厄姆·贝尔] 苏格兰发明家 | 1847—1922

19世纪70年代,有两个人正同时研究用电线传送人声的方法。他们分别是格雷厄姆·贝尔和伊莱沙·格雷,并且他们还在同一天——1876年2月14日申请了专利。但是实际申请过程却不同。作为当天的第五位专利申请者,贝尔亲自去了一趟专利局。但格雷却让律师代自己前去,不仅比贝尔晚到一个多小时,而且其项目还只是停留在预申请阶段。在后来的裁决中,格雷强调自己先发明了电话,却否认不了贝尔先于自己申请到了专利这一事实。

短短几秒也会成为命运的分水岭。决定了的事情就要全力以赴!

名人名言

生活中有很多需要做的事情,欲做从速!
[贝多芬] 德国作曲家 | 1770—1827

一旦下决心要做的事情就不要用没有干劲、心情不佳等借口来拖延。即使是做做样子,也要立即着手去做。
[列夫·托尔斯泰] 俄国作家 | 1828—1910

人应当像两端同时燃烧的蜡烛。
[罗莎·卢森堡] 波兰政治理论家 | 1871—1919

没有魔法，只有智慧

No magic. Just brains.

13　没有魔法，只有智慧

[泰利斯]　古希腊哲学家 | 约前 624—前 546

泰利斯是古希腊七贤之一，他虽有聪敏的头脑，却一直过着贫穷的生活。为此，周围的人曾嘲笑他说："搞哲学真是一点用处也没有。"泰利斯想要反驳周围人的言论，于是他运用所学的天文学知识推测出第二年橄榄树将会大丰收。因此他便在冬天买断了橄榄树压榨机，等收成的时候将其租赁出去，靠这个方法他一下子成了百万富翁。在当时人们的眼里，他的预测简直像魔法般神奇。

即使是那些看起来只有靠魔法才能解决的问题，靠开动脑力也可成功克服。

名人名言

1% 的灵感是最重要的，甚至比那 99% 的汗水都要重要。
[托马斯·爱迪生] 美国实业家、发明家 | 1847—1931

对企业来说，最重要的是如何产生新的生存方法。
[彼得·德鲁克] 奥地利经济学家、现代管理学之父 | 1909—2005

大脑既不是过去的博物馆，也不是现在的垃圾站，而是有关未来问题的研究所。
[托马斯·富勒] 英国神学家 | 1608—1661

喊出你的决心来

Have a big mouth.

14 喊出你的决心来

[穆罕默德·阿里] 美国拳击手 | 1942—

自称"闪躲如蝴蝶，出拳似毒蜂"的穆罕默德·阿里，以其独特的"蝴蝶步法"享誉盛名。他在重量级锦标赛中与桑尼·利斯顿对决时，曾在媒体面前反复强调"我一定会赢的"，最后甚至还豪言宣称"我已经懒得讲话了。快让我出战吧！如果没赢的话，我就离开这个国家"。但是，事后他却改口说："我其实非常害怕站上那场比赛的拳击台。"正是为了战胜恐惧、自我鼓励，穆罕默德·阿里才反复宣称自己会获胜。

所以，面临挑战愈不安，愈要大声给自己加油打气。

名人名言

说我傲慢？我只是说了实话而已。
[迈尔斯·德威·戴维斯三世] 美国爵士乐演奏家 | 1926—1991

对自己的才能有自信是最好的财富。
[安德鲁·卡内基] 美国实业家 | 1835—1919

高姿态比谦逊更能让人施展才能。
[让·保罗] 德国小说家 | 1763—1825

飞出国门看世界

Let's go abroad.

15　飞出国门看世界

[**鉴真**]　唐朝僧人 | 688—763

唐朝僧侣鉴真 14 岁出家,后成为"江南第一大师"。当从日本遣唐使那里听说日本佛教界乱象丛生时,鉴真深感自己肩负传播正确教义的使命,决定东渡日本。但是,或遭受暴风雨侵袭,或被不想让其离开的唐朝官员阻挠,鉴真前五次东渡均以失败告终,而且第五次渡航时还不幸失明。即使这样,鉴真也没有放弃,终于在第六次渡航时成功抵达日本。后来,鉴真在日本建立了唐招提寺,培养了很多杰出的僧侣,为日本佛教的发展做出巨大贡献。

现在出国非常方便,即使时间和费用有限,也要尽可能地去国外体验一下。

名人名言

不要总是围着一片土地打转,尽情去闯荡吧。世界为此才如此宽广。
[歌德] 德国剧作家 | 1749—1832

那些不敢冒险前进、不想探索新世界的人只能看到人生风景的一隅。
[西德尼·波蒂埃] 美国演员 | 1927—

我们的目标不是日本第一,而是世界第一。
[本田宗一郎] 本田汽车创始人 | 1906—1991

失败了又如何

Failure doesn't always stink.

16 失败了又如何

[詹姆斯·戴森] 英国工业设计师 | 1947—

戴森觉得集尘袋吸尘器使用起来很不方便,便想通过采取"双螺旋方式"制作一款不需要吸尘袋的吸尘器,同时这种吸尘器还得具有强大的吸引力。他深谙有想法只不过是第一步。在研制到第 15 台机器模型时他的第三个孩子出生了,当研制到第 2627 台机器模型时他的家庭经济状况已陷入窘迫,等研制到第 3727 台机器模型时妻子只能靠开美术补习班来赚取生活费。五年过去了,戴森试验了 5127 次。广为人知的戴森吸尘器就是这样诞生的,该吸尘器号称"从不失去吸力的顶尖吸尘器"。假设戴森在 5127 次失败中一蹶不振的话,也就没有这款吸尘器的诞生了。

莫因失败而停止前进的步伐,要昂起头来直面新挑战!

名人名言

成功值得庆祝,但也要从失败中寻找快乐。
[萨姆·沃尔顿] 美国实业家、沃尔玛创始人 | 1918—1992

我的工作中,真正成功的仅占 1%,剩下 99% 都是失败。
[本田宗一郎] 本田汽车创始人 | 1906—1991

我们最大的光荣,不在于从不跌倒,而在于每次跌倒之后都能爬起来。
[奥利弗·戈德史密斯] 英国小说家 | 1730—1774

困境才能激发成长

Being on the brink makes you grow.

17 困境才能激发成长

[中内功] 大荣集团创始人 | 1922—2005

—— 战期间，中内功曾在菲律宾九死一生。他在战场上喝雨水、吃虫子，熬过了食不果腹的漫长岁月。当时，只要有人得到食物就会遭到别人抢夺，还有可能为此付出生命代价，因此夜里也不能安心入睡。中内功担心如果一直不睡觉的话，自己早晚会疯掉，于是他想："人不可能仅靠一己之力活下去，无论在什么境遇下，要想生存，只能信任别人。"所以他就完全卸下防御放心去睡。到最后，600人的部队只有20人幸免于难，其中就有中内功。后来，他把"无论在什么情况下都要信任同伴"这一经验运用到生意经营中，成了一名成功的实业家。

苦难教给我们的，终会成为我们人生路上的救赎。

名人名言

只有艰难的道路，才会通往伟大的高度。
[塞涅卡] 古罗马政治家 | 约前 4—65

我的意志薄弱。为了克服它，我会把自己逼进无路可退的绝地。
[植村直己] 日本冒险家、登山家 | 1941—1984

有人害怕困难，因为那会阻碍成功。但事实并非如此。事情越难，我们越能迸发出新的力量。
[约翰·沃纳梅克] 美国实业家、政治家 | 1838—1922

长路无止境,唯有前行

Keep on walking.

18 长路无止境，唯有前行

[葛饰北斋] 日本江户时代的浮世绘画家 | 1760—1849

作为一名浮世绘画家，葛饰北斋得到了全世界的认可。但他晚年时曾说："我从 6 岁开始作画，至今已有 70 余载，但我从未画出过令自己满意的作品。73 岁时我才悟出了画飞禽走兽和花草树木的精髓。今后到了 80 岁、90 岁若能不断学习，或许 100 岁时能画出幅差强人意的作品，110 岁时能拿出幅中意的画吧。"90 岁临终之际他曾说："唉，我还想再活 10 年。不，5 年也可以。若能再活 5 年，我就能成为一名合格的画家了。"

认为自己有所欠缺并为之不断努力，你就能成就一番伟业。

名人名言

对于持续前行的人来说，没有长无止境的道路；对于不懈准备的人来说，没有遥不可及的利益。
[拉·布吕耶尔] 法国思想家 | 1645—1696

实现梦想的诀窍可总结为四个 C：Curiosity（好奇心）、Confidence（自信）、Courage（勇气）、Constancy（坚持）。
[华特·迪斯尼] 迪斯尼公司创始人 | 1901—1966

唯有前行才是最重要的。前行意味着继续，而不是到达终点。
[圣-埃克苏佩里] 法国作家、飞行员 | 1900—1944

RELAX

放松

改变不了的过去，
就让它过去吧

Refresh yourself when things just don't go your way.

| 19 | 改变不了的过去,就让它过去吧 |

[詹姆斯·麦迪逊] 美国第4任总统 | 1751—1836

詹姆斯·麦迪逊拥有过人的头脑,被人们称为"美国宪法之父"。他于1809年入主美国总统官邸,数年后,美英战争爆发,总统官邸遭到英军焚烧。他虽幸免于难,成功出逃,却得了个不光荣的称号——"首位在战争中从首都落荒而逃的美国总统"。战后,麦迪逊想要彻底改变总统官邸的形象,便将之前灰色的墙壁涂成白色,也就有了现在的"白宫"。

将那些不愿触碰的记忆或者失败抛之脑后,让心情焕然一新吧!

名人名言	当我的思维陷入瓶颈时,我就会去海边或河边垂钓。因为我会从海浪、微风和阳光中钓到灵感。 [托马斯·爱迪生] 美国实业家、发明家	1847—1931
	沉湎于过去的人会失去未来。 [温斯顿·丘吉尔] 英国政治家	1874—1965
	如果没有忘却和与之相伴的对过去的美化,人怎会熬得住活着呢。 [三岛由纪夫] 日本小说家	1925—1970

休息，是为了更好地出发

A sleeping adult grows too.

20 休息，是为了更好地出发

[克林特·伊斯特伍德] 美国演员、电影导演 | 1930—

作为一名演员，克林特·伊斯特伍德年轻时出演了《肮脏哈利》《荒野大镖客》等系列电影，近年来，作为电影导演，他又制作了《不可饶恕》《百万宝贝》等奥斯卡获奖影片。采访中谈及年过84岁仍能活跃在电影导演界、演员界的原因时，他说道："就是睡觉。只要没有什么要做的事，我通常能睡9个小时。因为我还有很多要做的事情，所以健康是最重要的。好好吃饭、好好睡觉对身体最好。"

要想宝刀不老，就一定要保证足够的睡眠。

名人名言

睡眠像是清凉的浪花，会把你头脑中一切浑浊荡涤干净。
[屠格涅夫] 俄国作家 | 1818—1883

一旦沉入酣睡这一青春之源，我就会忘记自己的年龄，还能相信自己身体健康。
[安德烈·纪德] 法国作家 | 1869—1951

人不是为了睡觉而睡觉，而是为了工作而睡觉。
[克里斯托夫·利希滕贝格] 德国思想家 | 1742—1799

今天你笑了吗?

Have you recently laughed your tail off?

| 21 | 今天你笑了吗？ |

[托马斯·爱迪生] 美国实业家、发明家 | 1847—1931

[亨利·福特] 福特汽车公司创始人 | 1863—1947

私交甚好的爱迪生和福特十分重视幽默的品质。爱迪生喜欢拿自己的事情开玩笑，总是在讲述一连串的笑话后张开大嘴、露出牙齿哈哈大笑。据说福特每次拜访爱迪生也会准备新笑话。考虑到爱迪生听力不好，福特每次都将笑话写在小纸条上，然后装在胸前的口袋里。爱迪生讲完一个故事轮到自己的时候，他便慢慢拿出早就准备好的纸条递给爱迪生。就这样你一言我一语，两个人经常开心地笑到深夜。

即使两人因工作忙得焦头烂额，但他们还是让生活中充满了宝贵的欢声笑语。

名人名言

迷人的微笑是家中的太阳。
[威廉·梅克比斯·萨克雷] 英国作家 | 1811—1863

开朗的性格比金钱更为可贵。
[奥古斯特·罗丹] 法国雕塑艺术家 | 1840—1917

除了人类，所有的动物都知道活着最主要的事情就是享受生命。
[塞缪尔·勃特勒] 英国诗人 | 1612—1680

给自己放个假

Let's be easygoing.

22 给自己放个假

[温斯顿·丘吉尔] 英国政治家 | 1874—1965

作为首相,丘吉尔领导英国在第二次世界大战中夺得胜利;作为作家,他斩获了诺贝尔文学奖。但是,他的从政生涯却是一波三折。在官场失意时,他心血来潮突然想要画画。可是,他买来了画具却因为心系工作,几乎没有什么时间练习。丘吉尔的夫人见状说道:"别犹豫,试一试吧。"接着拿起他的手在画布上画了几笔,丘吉尔的心情豁然开朗,由此开始了他的绘画创作。从那以后,绘画成了他的毕生爱好,有效地缓解了他的疲劳。

认真工作固然重要,但为了健康也需要"缓口气儿"。

名人名言

幸福的人从不在乎时间。
[格利鲍耶陀夫] 俄国剧作家 | 1795—1829

不可强求理解人生。人生原本就是一个节日,我们只需快乐度过每一天。
[赖内·马利亚·里尔克] 奥地利诗人 | 1875—1926

喜乐的心,乃是良药。忧伤的灵,使骨枯干。
《圣经·旧约》

被当作傻子又何妨

Don't mind being ridiculed.

23 被当作傻子又何妨

[栋方志功] 日本版画家 | 1903—1975

栋方志功是一位有名的版画家，可他学生时期却痴迷于画油画。据说因为他每天都把"我要成为凡·高"挂在嘴边，周围的人都觉得"志功每天都在念叨'凡·高、凡·高'，是不是脑子有问题"。为了成为画家，志功来到东京，但同样也是受到凡·高的影响，他才投身版画界。凡·高《唐吉老爹》的背景创作灵感就是直接来源于歌川广重和溪斋英泉所作的浮世绘，见到此画的志功顿悟："原来凡·高也借鉴日本版画呀。"感动之余，便立志成为一名版画家。

无论周围的人怎么说，你都不能放弃追求自己的梦想。

名人名言

只要坚信自己是正确的就足够了。不管事实如何，你都会遭到别人的攻击，因为无论何时你都难以逃避别人的批评。
[安娜·埃莉诺·罗斯福] 女性运动家、美国总统夫人 | 1884—1962

至少有一次，自己的意见会被别人嘲笑。如果没有的话，就不能称之为具有独创性的想法。
[比尔·盖茨] 微软创始人 | 1955—

嘲讽是最好的。相反，宽容有时会杀人。
[鲍勃·迪伦] 美国音乐家 | 1941—

我们都曾是孩子

We were all kids at one point.

24 我们都曾是孩子

[爱因斯坦]　德国物理学家 | 1879—1955

爱因斯坦在回忆幼年印象最深刻的事情时，曾讲过他和指南针的故事。从父亲那里拿到磁石上面带着针的指南针时，爱因斯坦就被指南针的转动吸引住了，因为无论朝哪个方向转动圆盘，针的指向都不会发生任何变化。诚然，第一次见到指南针的孩子的确会瞪大眼睛盯着指南针看。可是爱因斯坦成人以后仍旧保留着这份好奇心。和他是至交的数学家矢野健太郎曾说："在对指南针的指针指向相同方向这一奇妙现象上产生的好奇心，可以说与他日后提出相对论有着密不可分的关联。"

人人都有成为天才的潜质。我们要怀着孩子般的好奇心去探索每一件事情。

名人名言

无论多么成熟老练的大人，心中都住着一个渴望出去玩耍的孩子。
[华特·迪斯尼] 迪斯尼公司创始人 | 1901—1966

成为天才的秘诀就是即使老去也保持一颗童心，即永不失去热情。
[阿道斯·赫胥黎] 英国小说家 | 1894—1963

我们皆是童年的产物。
[迈克尔·杰克逊] 美国音乐家 | 1958—2009

没有必要的东西
才是最需要的东西

What is unnecessary is what is most necessary.

25 没有必要的东西才是最需要的东西

[千利休]　茶道宗师　|　1522—1591

千利休被世人称为"茶道的集大成者",接下来要讲的是他在武野绍鸥身边修行时的故事。武野为了试探弟子们的悟性,告诉大家"今日要招待一位风流雅士,需要大家事先把茶室的院子打扫一下"。一位得意门生看到院子已被打扫干净,便汇报说"已打扫完毕"。武野对下一个门徒施以同样的命令,也得到了同样的回答。最后轮到利休时,武野去院子里一看,发现地面上散落着红叶,酝酿出了一股难以言喻的风雅。原来是利休特意摇晃树干让红叶飘落在地上。武野对利休的这一做法极为赞赏。

在那些看似无用、无效的东西身上会藏着意想不到的价值。

名人名言

我喜欢那些废弃的、无用的、多余的、过剩的、毫无价值的东西。
[维克多·雨果]法国诗人 | 1802—1885

不要认为喝红酒是浪费时间,因为那时你的心灵正在休憩。
犹太格言

我出神地望着花儿,心想做人也有好的一面,因为懂得欣赏花儿美丽的是人,喜欢花儿的也是人。
[太宰治]日本小说家 | 1909—1948

WORK

工作

缩短会议时间

Keep meetings short.

26	缩短会议时间

［德怀特·艾森豪威尔］ 美国第 34 任总统 ｜ 1890—1969

1944 年 6 月，同盟国远征军最高司令官艾森豪威尔面临着严峻的局势。窗外狂风呼啸，会议室内正召开是否批准进攻法国北部的会议。由于天气恶劣，作战时间不断延缓，士兵们在前线焦急地等待着出兵指令。据气象学家判断，降雨不久就会停止，大风警报却暂时难以解除。将校们也提不出建设性的意见，场面一度混乱，也有人主张延迟出兵。艾森豪威尔见此情形说道："现正式决定出兵！"凭此一言，被称为"史上最大战役"的诺曼底登陆战役得以施行，并取得成功。

虽然在会谈或者会议上交换意见十分重要，但是不能忘记会议的最大目的是做决定。

名人名言	我们应该清楚地明白，无论讨论的时间长与短，想要达到的目标都是一样的。 ［伊壁鸠鲁］古希腊哲学家 ｜ 前 341—前 270
	缺乏决断力的人，无论多么认真地讨论，得出的结论往往都模棱两可且毫无作用。 ［马基雅维利］意大利政治思想家 ｜ 1469—1527
	即使已经确保了所有必要条件，依旧不能下决断的人是不会做出任何决定的。 ［安德鲁·卡内基］美国实业家 ｜ 1835—1919

真诚地去了解你讨厌的事情

At times you need to know about unpleasant things.

| 27 | 真诚地去了解你讨厌的事情 |

[查理·卓别林]　英国喜剧演员、电影导演 | 1889—1977

卓别林不仅是一名喜剧演员,作为电影导演和制片人,他也得到了极高的评价。卓别林在采访中曾说:"观众在看我的电影时,我总是关注那些没能引起观众发笑的情景。比如说,我的初衷是想引观众笑,结果却发现有几位观众没笑,我会立即仔细分析那个部分,考虑是想法的问题还是表现不到位。相反,若是在没曾想观众会笑的地方听见了哪怕零星笑声,我也会思考这里为什么好笑。"

卓别林之所以被称为"喜剧天才",其秘诀便是积极听取有关作品的任何意见。即使偶尔会出现一些尖锐的言论,我们也要敢于接纳。

名人名言

自我判断有时可能会是错误的。因此为了能够获取所有的信息和足够的知识,我们要时常敞开自己的心扉。
[艾尔顿·塞纳] 巴西赛车手 | 1960—1994

人们一般不喜欢忠告,而且愈是需要忠告的人愈对它敬而远之。
[切斯特菲尔德] 英国政治家、文学家 | 1694—1773

无心之人常道智慧箴言。
[吉田兼好] 日本镰仓时期随笔家 | 1283—1352

人生，贵在坚持

Time to hang on.

| 28 | 人生，贵在坚持 |

[华特·迪斯尼] 迪斯尼公司创始人 | 1901—1966

华特在电影动漫界取得了不俗的成绩，他的下一个目标是创建一个充满梦幻与魔法的王国——迪斯尼乐园。所有人都说这个计划不切实际，但华特依旧坚持卖掉别墅，以健康保险为担保四处借钱，一步步去实现自己的计划。但是，要筹集到525万美元的建设费用谈何容易，据说因为贷款他被银行拒绝了302次。可是华特并没有放弃。他决定放手一搏时曾说过："就像搅拌奶油似的，比起一帆风顺，我更喜欢事情朝着不利的方向发展。"后来，事实证明实际需要的建设费用为1700万美元——尽管如此，1955年，迪斯尼乐园还是成功迎来了开园日。

越是困难的时候，越应挺起胸膛，追着希望前行。

名人名言

常见的失败就是在离成功只有一步之遥的地方，浑然不知而放弃。
[托马斯·爱迪生] 美国实业家、发明家 | 1847—1931

在困厄颠沛的时候能坚定不移，
这就是一个真正令人钦佩的人的不凡之处。
[贝多芬] 德国作曲家 | 1770—1827

忍耐之草是苦涩的，但是最后却会结出甘甜可口的果实。
[约瑟夫·西姆洛克] 德国诗人 | 1802—1876

防患于未然

Prepare for trouble.

| 29 | 防患于未然 |

[二宫尊德] 日本农民政治家 | 1787—1856

有一次，二宫尊德吃茄子时歪着头面露疑惑之色：明明是初夏时节，茄子却有股秋茄子的味道。"今年会是冷夏，水稻可能长不好。"二宫如此猜想，于是他便劝农民栽种耐寒的稗子。事实果然如他预想的那样，即使到了盛夏时节，气温也不见升高，水稻几乎没有收成。1833年，日本爆发了"天保大饥荒"，但是，因为二宫调查了50年前发生饥荒时的情况，所以通知了农民"饥荒将至，要多种稗子、谷子和大豆"，让每一家都屯好粮食。尽管第二年、第三年庄稼连年歉收，全国范围内饥荒肆虐，饿死的老百姓有数十万，但他居住的村子却因为杂粮储备充足，没有饿死一个人。

事先考虑到即将发生的问题，积极采取对策吧！

名人名言

比起事前悠然自得、事发时手忙脚乱，
事前全力准备、事后悠然自得的做法尤为明智。
[温斯顿·丘吉尔] 英国政治家 | 1874—1965

人类有时会像小鸟一样。
小鸟只看到了眼前的食物，却忽视了头顶上盘旋的老鹰。
[马基雅维利] 意大利政治思想家 | 1469—1527

越是在安全的时候越要加强防护，
真正危险时能够幸免于难的就是这样的人。
[普布里乌斯·西鲁斯] 古罗马诗人 | 约前1世纪

对自己狠一点

Treating yourself a little too much ?

30 对自己狠一点

[山中利右卫门] 日本江户时期富商 | 1829—1879

山中利右卫门因小气而出名。一个大年夜的晚上,仆人们边打扫边发牢骚:"说起来这里的伙食可真不算好,每天只有麦饭和萝卜咸菜。即使大年夜也只有荞麦面。"打扫结束以后,仆人们被叫到了里屋客厅里,那里不知为何摆满了美酒佳肴,还堆着装着金钱的包裹。利右卫门给每个人都发了钱然后说:"我之所以不在乎平日里大家说我如何小气,是因为我想让大家知道何为真正的节俭。这些钱是大家每天只吃麦饭和萝卜咸菜才节省下来的。要想成为成功的商人,就必须有这样的思想觉悟。"仆人们深受感动,为了成为像利右卫门那样的商人,大家都更加努力地工作。

正是因为忍耐了工作的艰辛,才有了给自己的奖励。

名人名言

自我欺骗、自我妥协十分容易,可是如果想成功,不比别人对自己严格一些,不比别人多付出一些是不够的。
[汤尼·关恩] 美国职业棒球选手 | 1960—2014

人生最棒的奖励,莫过于拥有一份值得为之全力以赴的工作。
[西奥多·罗斯福] 美国第26任总统 | 1858—1919

做一件事情不能以报酬为目的,行为本身即为目的。
[贝多芬] 德国作曲家 | 1770—1827

换个角度看问题

Let's look at it from another angle.

| 31 | 换个角度看问题 |

[松下幸之助]　松下电器创始人 | 1894—1989

被誉为"经营之神"而备受仰慕的松下幸之助曾有过这么一段佳话：昭和初期经济萧条，不少企业都想靠裁员和减薪来渡过难关，但是松下却没那么做。他先让员工休息半天来调整生产，取而代之，通过休息日工作的形式给营业人员派遣工作。这种做法不仅仅是出于对大家的照顾，也有松下作为一名企业经营者的考虑——要在处理完库存的 6 个月内支付得起员工的薪水。靠这种方法，松下渡过了难关，员工非常感谢松下的做法，公司也呈现出蓬勃发展之势。

换个角度看问题，或许能发现一条带给很多人幸福的道路。

名人名言

换种背负方式，重物也会变轻；换个视角，
难以看到的东西也能看清楚；换种方法，困难的事情也能得以解决。
[亨利·菲尔丁] 英国剧作家 | 1707—1754

转换视角，不可能就会成为可能。
[汉尼拔·巴卡] 迦太基将军 | 前 247—前 183

控制你的不是事情本身，而是你对这件事情的看法。
[马克·奥勒利乌斯] 古罗马皇帝 | 121—180

是非分明

Let's have black-and-white clarity.

32　是非分明

[比尔·盖茨] 微软公司创始人 | 1955—

微软公司董事长比尔·盖茨是世界上屈指可数的大富豪，今天要讲一个他去日本时发生的故事。因为盖茨要去京都旅行，所以微软的日本公司总经理便为他准备了新干线的车票。一周后，盖茨说想要算一下车费，而对方回答说"由公司来出这笔钱"。盖茨听后勃然大怒："在日本，个人消费都是让公司掏钱的吗？如果这是天经地义的话，那微软的日本员工岂不是都会这么做！"

灰色地带不容放任和忽视，要划清界限，黑白分明。

名人名言

人人皆懂善恶，但在灰色地带还能坚持明辨是非的人即为贤人。
[萨迦·班智达] 藏传佛教信徒 | 1182—1251

以诚待事非常重要。这样便能有个人的行事标准。
[松下幸之助] 松下电器创始人 | 1894—1989

没有什么比优柔寡断更耗神、更没价值的了。
[伯特兰·罗素] 英国哲学家 | 1872—1970

没有不可战胜的对手

Not an unbeatable opponent.

| 33 | 没有不可战胜的对手 |

[萨米·科里尔] 肯尼亚马拉松选手 | 1971—

给大家讲一个发生在2003年柏林马拉松上的故事。当时,有四名领跑运动员(为保持速度而提供支持的运动员)紧跟在有望夺冠的保尔·特盖特身边。作为其中一员,萨米·科里尔原定在32千米处结束领跑任务,但是不知为何他并没有停止奔跑。后来科里尔说道:"我跑到30千米的时候感觉状态还不错,而且也没觉得累,于是就继续跑下去了。"

科里尔和特盖特就这样继续奔跑,并且速度不分上下。最后,特盖特凭借当时世界纪录2小时4分钟55秒的成绩夺得冠军,而科里尔仅以一秒之差尾随其后。人类历史上同时诞生了两位初次跑进2小时4分钟的运动员。"再有5米我就能超过他了。"科里尔说道。

无论对手多么强大,抱着必胜的决心去挑战,就会爆发出意想不到的洪荒之力。

名人名言

竞争是使人行动的最有效的力量。
[亨利·克莱] 美国政治家、国务卿 | 1777—1852

在对抗中胜出的都是那些抱着必胜决心的人。
[列夫·托尔斯泰] 俄国作家 | 1828—1910

竞争是才能的食粮,嫉妒是心灵的毒药。
[伏尔泰] 法国哲学家 | 1694—1778

改变，从抻平衣领开始

Fix the collar.

34　改变，从抻平衣领开始

[英格瓦·坎普拉德] 宜家创始人 | 1926—2018

17岁时，坎普拉德创办了邮购日常生活用品的宜家。在第二次世界大战期间，他得到长官允许，凭一己之力支撑着宜家的生意。二战结束后，通过引入新的销售体系，即客人在展览会上确认实物——接受预定——邮寄商品，他的生意取得极大成功。但是到了35岁，坎普拉德却日渐放纵，沉迷享乐，再加上来自同行的猛烈攻击，重压之下，他患上了酒精依赖症。一直为他看病的医生建议他一年要有三次2—3周的忌酒期，坎普拉德心想："在这个关键时期，我的病要是不能痊愈的话，对一名企业家来说是没有未来可言的。"于是他比医生更加严苛地要求自己，一年进行三次为期5周的忌酒期，并坚持彻底执行。就这样，他摆脱了酒精依赖症，宜家的规模也不断扩大。

如果你感到生活如一团乱麻，不如下决心改变一下日常习惯吧。

名人名言

> 改变人生命运，需从改变日常生活习惯做起。
> [松下幸之助] 松下电器创始人 | 1894—1989

> 只有每天为自由和人生奋斗的人才有价值。
> [歌德] 德国剧作家 | 1749—1832

> 那些无法改变固有主意的人，爱自己甚于爱真理。
> [儒贝尔] 法国哲学家 | 1769—1799

逃避解决不了任何问题

Nothing gets solved by hiding.

35　逃避解决不了任何问题

[高田屋嘉兵卫]　日本江户时期海商 | 1769—1827

1812年,在国后岛①海面上行驶的"观世丸"号遭到俄军突袭,船上全体乘务员被捕,并被带往堪察加。在其他人都慌乱不已、吓得浑身发抖时,一位名叫高田屋嘉兵卫的乘务员心想:"事已至此,只能去俄国了。如果能遇见位好的翻译,我要想办法阻止日俄之间再生战事。"于是嘉兵卫跟着俄军船长里克乐德学习俄语,由此得知自己一行被捕的原因:幕府囚禁了俄国船只的船长格洛弗宁,俄军此举实为报复。第二年,被送回到国后岛的嘉兵卫竭尽全力帮助格洛弗宁重获自由,他的做法也得到了俄方赞许。

逃避、等待解决不了任何问题,敢于直面问题才能找到解决办法。

名人名言

懒散助长怀疑和恐惧,而实际行动增加信心和勇气。
[戴尔·卡耐基] 美国作家 | 1888—1955

勇气不是指消除不安,而是敢于正视它。
[马克·吐温] 美国小说家 | 1835—1910

试图逃离烟雾,却往往飞入火中。
[卢西亚努斯] 希腊讽刺作家 | 约120—180

① 译注:日俄争议岛屿,位于北海道与知床半岛隔根室海峡之中。

看好你自己的位置所在

Check where you are now.

36 看好你自己的位置所在

[比尔·休利特] 美国实业家 | 1913—2001
[戴维·帕卡德] 美国实业家 | 1912—1996

当惠普的创始人比尔·休利特和戴维·帕卡德还处于领导地位时，惠普从不做任何传统意义上的市场调查。他们通过非正式观察和交谈来把握客户问题或需求，从而创造出新的商机。正因为如此，惠普总能生产出具有划时代意义的商品。到了 20 世纪 90 年代，惠普一举成长为拥有高达 300 亿美元营业额的大型企业，但它的领导阶层依然只关注价值 10 亿美元规模的市场：只有断定某领域潜藏着 10 亿美元的价值时才会进行商品开发。惠普的前高级副总经理耐德回忆说："我们挑战了所有想法，每一个都是巨头项目。但是，我们全都失败了。"

状况发生变化时，我们容易迷失自我。要低头看看自己当下的形势。

名人名言

正确认识事物的方法只有一个，那就是看清事物整体。
[约翰·拉斯金] 英国思想家 | 1819—1900

看看周围，考虑自己能做什么，这样才会不断前进。
[罗莎·帕克斯] 美国民权运动家 | 1913—2005

意外的是，人们在单独考虑事情时能做出正确判断，一旦被迫着眼全局则容易犯错误。
[马基雅维利] 意大利政治思想家 | 1469—1527

机会总是给那些
选择留下来的人

Chances come to those who stick around.

37 机会总是给那些选择留下来的人

［贝蒂·戴维斯］ 美国女演员 | 1908—1989

贝蒂·戴维斯出生于马萨诸塞州，为了成为一名舞台剧演员，她曾在表演学校学习。1934 年因出演《名士殉情记》，贝蒂开始受到关注。实际上，原计划是由其他女演员出演她饰演的角色的，可由于该人物设定是一位生活放荡、身患重病、半边脸毁容的女性，谁都不想自毁形象去饰演这一角色，因此，其他女演员均拒绝演出，可贝蒂却毅然接受了这个角色并且诠释得很好。最后，她的演技被《生活杂志》誉为"美国电影史上女演员的演技巅峰"。后来，贝蒂一鼓作气凭借《女人女人》《红衫泪痕》两度拿下奥斯卡最佳女主角奖，成为电影史上屈指可数的著名女演员。

越是大家唯恐避之不及的事情，越是会带来意想不到的机会。

名人名言

命运女神会馈赠给沉得住气的人很多东西，
却会将这些东西高价卖给心急的人。
［弗朗西斯·培根］英国哲学家 | 1561—1626

机会隐藏在大家都避而远之的事情里。
［H. 杰克森·布朗·J］美国作家 | 1940—

想为人先的人必须在队伍后面为所有人服务。
《圣经·新约》

无论如何都要勇往直前

Even then,keep looking straight ahead.

| 38 | 无论如何都要勇往直前 |

[埃德蒙·希拉里] 新西兰登山家 | 1919—2008

埃德蒙·希拉里是人类历史上第一个成功登上珠穆朗玛峰的人。在成功登顶之前,他曾作为另一支登山队的成员挑战过珠峰一次,但以失败告终,甚至还失去了一名队员。在伦敦举办的登山队慰劳会上,当着大家的面,希拉里朝着台上放着的巨大珠峰照片说道:"珠穆朗玛峰!你给我听好,这次确实是我们输了。但是,我一定会登顶给你看 。因为,你不会变得比现在还高,而我却会变得比现在更强。"

人生中的痛苦难以避免。但正是这样,昂首阔步、勇往直前才是最重要的。

名人名言

只要面朝阳光,就不会看见黑暗;
只要心向真理,不安和担心就会消失。
[海伦·凯勒] 美国社会慈善家 | 1880—1968

永远不要绝望。但是,如果你绝望了,在绝望中也要继续前行。
[埃德蒙·伯克] 英国政治家 | 1729—1797

不要抛弃你灵魂中的英雄。
[弗里德里希·尼采] 德国哲学家 | 1844—1900

COMMUNICATION
交流

不要总是抱怨

Stop the bellyaching.

39 不要总是抱怨

[森永太一郎] 日本实业家 | 1865—1937

因天使商标而出名的森永制果前身为森永点心制造所,其创始人为森永太一郎。为了成为一名点心师,太一郎专程赴美学习。他听说加利福尼亚的一家糖果加工厂正在招募工人,便前去拜访,结果发现招募的是打扫人员。可是即使这样,森永还是想留下来学习西式点心的制作方法,于是他每天早晨提前打扫完毕,白天就帮忙做糖果,学习制作点心。等他学成回到日本,便开始售卖乳脂软糖,建立了制作西式点心的基础。

即使周围的环境不尽如人意,但肯定能有所收获。让我们把抱怨的时间用在行动上吧。

名人名言

无论出于什么理由,抱怨绝不会有任何作用。
[拉尔夫·沃尔多·爱默生] 美国思想家 | 1803—1882

不可认为工作没做好是因为设备、资金、员工和时间。
这样所有的事情都会成为别人的责任。
如果把工作没做好归结于这些因素的话,便会陷入堕落的深渊。
[彼得·德鲁克] 奥地利经济学家、现代管理学之父 | 1909—2005

大多数人对命运感到不满,他们只会向命运乱提要求。
[亚历山大·冯·洪堡] 德国博物学家 | 1769—1859

不要作茧自缚

You're the one erecting the walls.

40 不要作茧自缚

[迈克尔·戴尔]　美国实业家 | 1965—

迈克尔·戴尔是世界上市场份额最多的电脑厂家——戴尔公司的创始人,同时他也是一位很内向的人。戴尔不喜欢高调,为了防止骄傲自满,于人于己都很严格。但是,2001年的公司内部采访显示,工作人员均认为这种性格的戴尔"没有人情味、很难接近"。戴尔非常诚恳地接受了这些意见,并通过视频向全体员工认真解释说:"你们绝对想不到我是一个多么害羞的人。但是,从今以后我会努力跟大家亲近起来。"通过这种方式,他和员工间的高墙慢慢消失不见了。

我们都需要反省一下自己:不知不觉间是否将周围的人拒之门外了呢?

名人名言

> 筑起围墙的从来都不是别人,而是自己。
> [亚里士多德] 古希腊哲学家 | 前384—前322

> 自我封闭,自我闭塞,世界亦虚幻。
> 本我自在,无拘无束,世界亦生动。
> [道元] 日本佛教曹洞宗创始人 | 1200—1253

> 容易受伤的人往往身披坚硬的铠甲,可到头来,那铠甲只会伤了自己。
> [三岛由纪夫] 日本小说家 | 1925—1970

柔中带刚

Cuteness with a few thorns.

41 柔中带刚

[奥黛丽·赫本]　英国女演员 | 1929—1993

在电影《蒂凡尼的早餐》中有这样一幕场景:奥黛丽坐在大楼的防火通道里,一边弹吉他一边哼唱。但实际上,她哼唱的《月亮河》差点被删掉。电影公司的总经理在看了电影后认为"应该把那首歌剪掉"。据说得知此事的赫本对着总经理激动抗议:"只要我活着就绝不允许这件事情发生!"周围的工作人员甚至不得不抓住她的手腕来控制她。由于她的抗议,唱歌的一幕才得以呈现在荧屏上。事实证明没有删掉《月亮河》是正确的,这首曲子后来获得奥斯卡最佳电影歌曲奖,格莱美最佳唱片奖、最佳歌曲奖和最佳编曲奖。

仅有温柔是不够的,拥有坚持自己原则的韧劲也同样重要。

名人名言

都说女人不应靠胸和屁股,要多用脑子。
我却认为女人应用尽一切手段。
[麦当娜] 美国歌手 | 1958—

一个人无论何等圆滑,都应该有自己的棱角。
[涩泽荣一] 日本企业家 | 1840—1931

人们都不会忘记坏人。
女演员的目标就是成为这样的人——绝对不会被忘记的人。
[贝蒂·戴维斯] 美国女演员 | 1908—1989

别被甜美的诱惑打败

Don't give into sweet temptations.

42 别被甜美的诱惑打败

[马克·扎克伯格] Facebook CEO | 1984—

迄今为止,已有很多人找马克·扎克伯格谈收购的事情。他在高中时开发的音乐再生软件 Synapse 市场价高达 100 万美元,Facebook 诞生 4 个月后便有人出价 1000 万美元来收购。2005 年,拥有 MTV 和派拉蒙影片公司的美国媒体巨头 Viacom 提出了 7500 万美元的收购价。当时 Facebook 的业绩仅为 100 万美元,所以说这可谓是非常诱人的条件。到后来雅虎甚至给出 10 亿美元的价格。但是,扎克伯格丝毫不为所动。他说:"我的目的不是赚钱,而是创造很酷炫的东西。另外,我也不想自己的时间被任何人以任何形式加以束缚。这才是我追求的财富。"

只要认清自己想走的路,就不会误入诱惑的歧途。

名人名言

不与邪恶合作是我们的义务,就如同我们必须要与正义合作一样。
[莫罕达斯·甘地] 印度国父、社会运动家 | 1869—1948

火以炼铁,试探以炼义人。
[托马斯·厄·肯培] 德国神秘论思想家 | 1380—1471

不是恶魔诱惑我们,而是我们诱惑恶魔。
[乔治·艾略特] 英国作家 | 1819—1880

悬崖勒马为时未晚

Step on the break when you're heading down the wrong path.

43 悬崖勒马为时未晚

[尼古拉·哥白尼] 波兰天文学家 | 1473—1543

人类史上哥白尼首先提出了"日心说"。他在修道院当院长时便有了这一设想,但当时只告诉了他的朋友,并未公开。因为和天主教的世界观相左,所以他选择了沉默。

当他70岁卧病在床时,友人前来探望,劝他道:"你的学说就这样不为人所知,难道不是一大憾事吗?现在你大可不必担心被审判处分了吧。为了后人也应该公开发表啊!"听闻此言,哥白尼最终点头默许。记载着"日心说"的《天体运行论》就这样得以出版。该书首次印刷完成的第二天,哥白尼便与世长辞。

"智者千虑,必有一失。"意识到错误就应及时改正。

名人名言

敢于谏言的属下比手握长矛的勇士更可贵。
[德川家康] 日本江户时期武将 | 1543—1616

承认错误并及时改正非常重要。
经过改正,第二次往往比第一次有明显进步。
[埃里克·施密特] 谷歌前 CEO | 1955—

默默服从或许是一条简单之路,
但绝非道德之路——那是胆小鬼的选择。
[马丁·路德·金] 美国牧师、社会运动家 | 1929—1968

切忌感情用事

Don't get emotional.

| 44 | 切忌感情用事 |

[亚伯拉罕·林肯] 美国第 16 任总统 | 1809—1865

林肯参加 1864 年总统大选时，在芝加哥颇具影响力的莫尔顿曾极力反对。即使林肯成了总统候选人，他仍旧不为所动拒绝合作。后来林肯成功当选总统，要在芝加哥的酒店举行庆祝活动。莫尔顿也象征性地出席了，作为与会者的一员等待和林肯寒暄。到莫尔顿的时候，林肯友好地笑着说："莫尔顿先生，你可不只是来参加庆祝的。你得到我身边来助我一臂之力才行呀，不然的话就太可惜了。"说完就伸出手示好。通过这件事情，莫尔顿的对抗心理得以消除，日后成了林肯强有力的支持者。

无论过去有多么大的仇恨都不能意气用事，让我们采取一个共赢的解决方法吧。

名人名言

判断一个人的胸怀要看他愤怒的原因。
[约翰·莫利] 英国政治家、作家 | 1838—1923

不能用温情征服对方的人，用殴打也征服不了对方。
[安东·契诃夫] 俄国剧作家 | 1860—1904

最伟大的胜利莫过于战胜个人感情。
[让·德·拉·封丹] 法国诗人 | 1621—1695

不要隐藏真情

Reveal the hidden secrets in your hands.

45 不要隐藏真情

[田中平八] 日本幕府末期商人 | 1834—1884

田中平八的生丝被称为"天下第一",他为生丝商人做事时曾有这么一则故事。有一次,平八奉主人吩咐去故乡信州进货。但是,他以前因为生意失败,欠了一大笔钱,是从故乡逃出来的。

果然不出所料,过去的债主一见平八就将他团团围住。可是平八并没有逃跑,只见他从怀里掏出 300 元的全部家当说:"这是店里的钱,如果把这钱给大家抵债的话我会被治罪的。这样一来我们双方都会吃亏。我现在用这 300 块钱还大家的债,但是你们得先赊给我 2000 块钱的生丝,两个月后我就把钱付清。"就这样,回到主人身边的平八把生丝卖掉大赚一笔,他还向主人坦白了事情的来龙去脉,还清了 300 块钱的债务。

坚定地表达出自己的心声,可以让事情有所转机。

名人名言

如果你不是一个高超的骗子,那么最好一直讲实话。
[杰罗米·K.杰罗米] 英国作家 | 1859—1927

人生中,最劳心费神的便是隐藏本心。正因如此,生活才让人疲倦。
[安妮·默洛·林德伯格] 美国飞行员、作家 | 1906—2001

诚恳地坦白错误是免除罪责的一步。
[普布里乌斯·西鲁斯] 古罗马诗人 | 约前 1 世纪

祸从口出

Trust is lost through loose lips.

| 46 | 祸从口出 |

[帕丽斯·希尔顿]　美国时装模特 | 1981—

帕丽斯·希尔顿是希尔顿饭店的家族千金，同时她也是一名因绯闻众多而备受瞩目的模特和演员。她在"最差着装奖"排行榜中遥遥领先，作为一名电影演员，人们讽刺她"无论演什么都是在演自己"。但与此同时，也有女性羡慕她自由随性的生活方式。帕丽斯自视为上流社会名媛，还毫不掩饰地公开宣称"土豪就是任性"。她的祖父巴伦为此十分生气，认为她给希尔顿家族抹了黑，一怒之下宣布将本该属于她继承的巨额遗产的 97% 捐出去做了慈善。

活出自我固然重要，但是也要预防祸从口出。

名人名言

实际上，人们在出生时嘴里就长有一把斧子。
愚人口出恶言，亲手用斧子毁了自己。
[释迦牟尼] 佛教创立者 | 约前 7 世纪—前 5 世纪

信用是我们的一笔财富。
[儒贝尔] 法国哲学家 | 1754—1824

言多必失，易为人记恨，引火上身。故应谨慎寡言。
[贝原益轩] 日本江户时期儒学家 | 1630—1714

真正有实力的人
更懂得放低姿态

Don't project a bigger self.

47 真正有实力的人更懂得放低姿态

[萨姆·沃尔顿] 美国实业家、沃尔玛创始人 | 1918—1992

萨姆·沃尔顿白手起家,创立了世界上最大的超市——沃尔玛超市。1985年,萨姆·沃尔顿被《福布斯》杂志列为全美富豪排行榜首位。此后不久,便有很多记者和摄影师拥向沃尔顿的住处,结果,他们看到了这样的场景:萨姆开的是一辆破旧的小型货车,戴着一顶带有沃尔玛商标的棒球帽,剪头发也只去街头理发店。沃尔顿说:"我从来没有要去买游艇或者岛屿的想法。许多很有发展前景的企业就是被这种虚荣心和欲望搞垮的。"

真正有实力的人不需要到处炫耀,要保持一颗谦虚的心。

名人名言

想给别人留下好印象,就不能到处炫耀自己的过人之处。
[布莱士·帕斯卡] 法国数学家、哲学家 | 1623—1662

愚蠢的人误以为引人注目便是光荣。
[李小龙] 中国武术家、演员 | 1940—1973

谦虚是一种装饰,人们出门却从不戴它。
[弗朗茨·格利尔帕策] 奥地利剧作家 | 1791—1872

去看、去听、去说

Should see.Should hear.Should speak.

| 48 | 去看、去听、去说 |

[苏格拉底] 古希腊哲学家 | 约前469—前399

苏格拉底经常一边观察雅典道路或广场上的场景,一边到处向人们提问题。他经常对对方的回答做出一副恍然大悟的样子,接着又会提出更加深入的问题,直至让对方发现自己一无所知。这就是著名的"知道自己无知论"。他并不是故意做这些事情来逗大家,而是想通过这些辩论让人们知道"自己是什么样的人,自己正在做什么"。通过这种做法,苏格拉底本身的想法也愈加成熟。

去看、去听、去说。解放自我、不受拘束,人类就会深刻认识到自己是个什么样的人。

名人名言

求知是人类的本性。他们喜欢增长见识便是证明。
[亚里士多德] 古希腊哲学家 | 前384—前322

与知识背景或者观点看法完全不同的人交流十分重要。
[盛田昭夫] 索尼公司创始人 | 1921—1999

必须增长自己的见识,靠短浅学识难以出人头地。
[大村益次郎] 日本军事家 | 1825—1869

宝剑锋从磨砺出

No such thing as a polished person who doesn't shine.

49　宝剑锋从磨砺出

[玛丽莲·梦露]　美国女演员 | 1926—1962

很多人至今仍喜欢玛丽莲·梦露，可是梦露却有鲜为人知的一面：由于对自己的外貌极度自卑，她付出了很多努力来改变。当时还很少有人跑步，但她为了保持身体曲线，坚持每天跑步，还花费大量的时间阅读人体解剖学的相关书籍，研究摆什么样的造型更能凸显线条美。经纪人认为她的鼻口间距不协调，建议她笑的时候一定要把上嘴唇做出向下延伸的感觉，于是她就每天在镜子前面反复练习微笑，最终形成了她的标志性笑容。

有魅力的人都是在私下不断磨炼自己、不懈努力的人。

名人名言

不断尝试提升自己的想法应贯穿一生。
[克里斯蒂娜] 瑞典女王 | 1626—1689

当我还是一只丑小鸭的时候，我做梦也没有想到会有这么多的幸福。
[安徒生] 丹麦童话作家 | 1805—1875

什么是杂草？杂草是一种利用价值尚未被发现的植物。
[拉尔夫·沃尔多·爱默生] 美国思想家 | 1803—1882

POLICY
原则

吾日三省吾身

At times, look back.

50 吾日三省吾身

[本杰明·富兰克林] 美国政治家 | 1706—1790

本杰明·富兰克林，美国开国元勋之一。他有一套自定的生活准则，被称为"十三德"。"十三德"包括：1. 节制；2. 缄默；3. 秩序；4. 决心；5. 节俭；6. 勤奋；7. 真诚；8. 正义；9. 中庸；10. 整洁；11. 冷静；12. 节欲；13. 谦逊。富兰克林不仅列出了这十三项规定，每天还会看一遍记载着"十三德"的小册子，反省自己是否达到了所有要求。他之所以能作为政治家、作家、音乐家、出版人、气象学家涉足多个领域并取得非凡成就，或许就是因为他一直在坚持这个习惯吧。

你是否在坚持自己制定的准则规范呢？回头反省看一看吧！

名人名言

进步是与反省的严肃性成正比的。
[本田宗一郎] 本田汽车创始人 | 1906—1991

我们每天都要反省自己，而不仅是一生一次。
[弗洛伦斯·南丁格尔] 英国护理教育学家 | 1820—1910

人类与河流的不同就在于：人类会回顾走过的路。
[塞万提斯] 西班牙小说家 | 1547—1616

从"猫头鹰"到"百灵鸟"

From a night owl to an early bird.

51　从"猫头鹰"到"百灵鸟"

[欧内斯特·海明威]　美国小说家 | 1899—1961

海明威因《永别了，武器》等多部作品而出名，据说他前一晚无论醉得多么不省人事，第二天都能在五点半起床工作。海明威说："早晨可以不受任何人干扰，尤其是寒冷的早晨，工作期间身体就会逐渐暖和起来。"音乐家莫扎特、哲学家康德、心理学家弗洛伊德等人都属于早起型。

此外，在商界也有很多人喜欢早起。史蒂夫·乔布斯每天六点起床，在孩子们醒来前大约可以工作两个小时。据说星巴克的CEO霍华德·舒尔茨早上四点半起床，为妻子泡咖啡是他每天的"必修课"。

喜欢熬夜的你挑战一下早起吧，这或许会改变你的工作状态！

名人名言

睡懒觉的人纵使忙碌一天，到晚上仍会为工作所累。
不应该是工作追着我们，而应该是我们去追工作。
[本杰明·富兰克林] 美国政治家 | 1706—1790

睡懒觉就是在消磨时间。没有比这更昂贵的代价了。
[安德鲁·卡内基] 美国实业家 | 1835—1919

不和太阳同一时间起床就辜负了一天。
[塞万提斯] 西班牙小说家 | 1547—1616

莫贪小利

Don't go for small carrots.

52 莫贪小利

[雷蒙·克罗克] 麦当劳创始人 | 1902—1984

麦当劳在雷蒙·克罗克的经营下,由原来的一家店铺扩大到了全世界,但其背后历程也充满了波折艰辛。当初,麦当劳兄弟不愿发展连锁店,他们擅自与其他公司签订多重合约,将合约变更手续延迟的责任推卸给律师,处处不配合。双方关系日益僵化之时,麦当劳兄弟突然提出要全权让出店铺所有权,条件是对方必须支付270万美元现金。这可是上一年度麦当劳兄弟靠加盟权所得收入的15倍,无疑是一笔庞大的资金。但是,克罗克辗转于各大银行,想尽一切办法筹集资金,最终成功签下合约。结果,十几年后他获得了数亿美元的利益。

不要被眼前的蝇头小利蒙蔽双眼,我们要着眼于未来,追求更长远的利益。

名人名言

> 对人类而言,最大的诱惑莫过于蝇头小利。
> [托马斯·默顿] 美国司祭 | 1915—1968

> 远离那些企图让你丧失雄心的人吧。那是小人常做的行径。
> [马克·吐温] 美国小说家 | 1835—1910

> 人类是不会满足于渺小梦想的伟大存在。
> [马可·奥勒留] 古罗马帝国皇帝 | 121—180

坚持到底不放弃

Follow through until the end.

| 53 | 坚持到底不放弃 |

[安德鲁·卡内基]　美国实业家 | 1835—1919

安德鲁·卡内基，日后的美国"钢铁大王"，在他 16 岁的时候，曾和他的工作伙伴费希尔进行了一次跑步比赛。费希尔的耐力很强，跑到中途时两人已经拉开很大差距，所以他就在树荫底下休息。从后面追上来的卡内基超过他一口气冲到了终点。比赛结束后，费希尔说："因为你太慢了所以我才停下来的。那时胜负已见分晓。"卡内基反驳道："胜负是到这里才决定的，坚持跑到最后的人才是赢家。"

人们在谈论成功时，总是认为才能或者运气是必备条件，但是不放弃、坚持到底才是最重要的。

名人名言

成功的秘诀就是集中精力去完成一件事情。
[亚伯拉罕·林肯] 美国第 16 任总统 | 1809—1865

要将全部精力集中到眼前的工作上。阳光不聚焦也不能着火。
[亚历山大·贝尔] 美国发明家 | 1847—1922

伟人和普通人的区别就在于一旦下定决心要做的事情，
是否有毅力坚持到生命最后。
[弗里德里希·谢林] 德国哲学家 | 1775—1854

在关键时刻光彩夺目

When deciding,be decisive.

54　在关键时刻光彩夺目

[约翰·肯尼迪] 美国第 35 任总统 | 1917—1963

在1960 年的美国总统大选中，尼克松和肯尼迪同台竞选。处于劣势的肯尼迪为电视演讲做了很多准备。演讲当天，肯尼迪停止一切竞选活动，在酒店里休息整顿。后来，在前去演讲会场时，他化了得体的妆容，身着黑色西装，以放松的姿态面向电视机前的观众，做了极富煽动力的演讲。而他的对手尼克松却拒绝化妆，并且穿了一身灰色西装，在黑白电视荧幕里显得特别模糊。据说在这次电视演讲后，很多国民都转而支持肯尼迪。

给对方的印象或者气质有时候会影响最终结果。所以，在重大场合千万不要忘记整理自己的外表。

名人名言

评价一个人绝非全靠外表，
但是他的外表经常成为了解这个人的重要手段之一。
[威勒·盖林] 美国精神医学家 | 1969—

人们一般靠外在而不是内在来判断事物，
因为很少有人拥有可判断人内在的洞察力。
[马基雅维利] 意大利政治思想家 | 1469—1527

衣服或者态度并不能创造人，
但有风度的人，其外在会自然得到很大改善。
[亨利·沃德·比彻] 美国牧师 | 1813—1887

走得快不如走得穩

"My Pace" is better than "High Pace".

| 55 | 走得快不如走得稳 |

[奥古斯特·罗丹]　法国雕塑家 | 1840—1917

奥古斯特·罗丹因雕刻《沉思者》而出名，但他的人生充满挫折。罗丹有志做一名艺术家，却连续三次都没考上国立高等美术学校；他曾多次向展览会提交作品，但一次都没有入选；年过四十好不容易有人来买他的作品，可是评价却不好；日后成为其代表作的"加莱义民"纪念碑当时遭到猛烈批判，甚至被移至厕所旁边。但是，罗丹毫不沮丧，一直坚持着自己的事业，他曾说："人在工作时总会迷惑徘徊，有时候我们确实会迷失在路上。进步总是姗姗来迟，而且还那么渺茫。但是，它迟早会出现的。"

不要急于求成，按自己的步伐稳步前进吧。

名人名言

凡事要三思而后行，跑得太快的人容易摔跤。
[威廉·莎士比亚] 英国剧作家 | 1564—1616

人生如负重前行，不可急于求成。
[德川家康] 日本江户时期武将 | 1543—1616

令人满意的事情总是姗姗来迟。
[莫罕达斯·甘地] 印度国父、社会运动家 | 1869—1948

是否无愧于后？

Can you stick out your chest with pride in front of children?

| 56 | 是否无愧于后？ |

[裴斯泰洛齐] 瑞士教育家、孤儿院院长 | 1746—1827

在瑞士一个贫穷的小村庄里，一位老人一直远远地看着欢乐玩耍的孩子们。他面带微笑，时而弯腰捡起什么东西。日复一日，老人一直如此，警察觉得奇怪，前来询问："不好意思，能给我看看您捡的东西吗？"因为老人显得有些难为情，警察愈觉奇怪，便把手伸进了老人的口袋里，结果发现里面装满了玻璃碎片、生锈的铁钉等。老人指着孩子们说道："你看，孩子们都光着脚呢。"实际上，这位老人就是被誉为"近代教育之父"的大教育家裴斯泰洛齐。

无论何时何地，大人都要去做能在孩子们面前挺胸抬头的事情，这是我们的责任。

名人名言

孩子们学习的是大人的行为，而不是大人的言论。
[卡尔·古斯塔夫·荣格] 瑞士心理学家 | 1875—1961

人类必须要遵守的行为规范，父母只有以身作则、率先示范之后，孩子们才会遵守。教育靠行动而非说教。
[井深大] 索尼公司创始人之一 | 1908—1997

孩子是反映父母行为的一面镜子。
[赫伯特·斯宾塞] 英国哲学家 | 1820—1903

再多一点忍耐

Now is the time to endure.

| 57 | 再多一点忍耐 |

[克里斯托弗·哥伦布] 意大利探险家 | 1451—1506

为了开辟从西班牙到印度的海上航线,哥伦布于 1492 年向西出发。路上危险重重,随时都有可能被巨浪侵吞,加上饥饿和物质匮乏,船员们差点就掀起一场动乱。可即使这样,哥伦布也没有放弃。在他的航海日记里,他每天都写着同一句话:"今天,仍在路上。"

终于,哥伦布发现了那片未知的土地——美洲新大陆,所有的坚持都得到了回报。

忍受逆境的力量可以带来意想不到的收获。

名人名言

人的一生中,最光辉的时刻并非功成名就时,
而是从悲伤与绝望中发起对人生的挑战,勇敢地迈向未来时。
[福楼拜] 法国小说家 | 1821—1880

优秀的人的一大优点是:在不利与艰难的遭遇里仍旧不屈不挠。
[贝多芬] 德国作曲家 | 1770—1827

凡事皆有终结,因此,忍耐是赢得成功的手段。
[高尔基] 苏联小说家 | 1868—1936

拥有宁折不弯的坚强

Strength of not being owned.

58 拥有宁折不弯的坚强

[泽庵宗彭] 日本江户时期僧侣 | 1573—1646

著名僧侣泽庵宗彭不在乎金钱权势,仅做了三天大德寺主持便自行请辞。江户幕府成立后,幕府加强了对寺院的管制,对此极为不满的泽庵宗彭提交了抗议书,却被判流放。那时,泽庵已经57岁了。在流放地,他得到了藩主和当地农民的爱戴。寺庙里有很多布施得到的蔬菜,泽庵就用盐和糠腌渍,然后将它们储藏起来。这就是"泽庵咸菜"的起源。

此外,泽庵讲授经文极具吸引力,很多有权之士慕名前来邀请。但是,正如"贫贱不能移,富贵不能淫,威武不能屈"所言,泽庵并没有去奉承谄媚那些达官权贵。1614年,他多年的抗议得到回报,《寺院法》恢复旧式规定。

即使面对强权,我们也要有宁折不弯的坚强。

名人名言

只有人人实现自我管理,可不依附他人而独立,国家才能独立。
[福泽谕吉] 日本教育家 | 1835—1901

你想轻松度日吗?想的话,就常去群众中吧。
和他们在一起,忘掉自我。
[弗里德里希·尼采] 德国哲学家 | 1884—1900

独行甚好,孤独前行。
[释迦牟尼] 佛教创立者 | 约前7世纪—前5世纪

活得明白

Don't live an ambiguous life.

59	活得明白

[释迦牟尼] 佛教创立者 | 约前 7 世纪—前 5 世纪

释迦族王子悉达多 19 岁成婚，此后十年，他每日笙歌燕舞，纵情享乐。但是，整个人却日益忧郁起来。"华丽的宫殿、健康的体魄、年轻的日子，终会逝去如烟。那么健康、年轻、活着，这些事情究竟有何意义？" 29 岁时，他放弃了优越生活和全部财产，决定遁入佛门。此后，悉达多苦苦修行六年终于觉悟得道，救人们于苦海之中。

"自己究竟想要什么？"不断寻求自己内心的答案，能帮助我们提高人生的充实感。

名人名言

最重要的事情不是单纯地活着，而是好好生活。
[苏格拉底] 古希腊哲学家 | 约前 469—前 399

吃饭是为了活着，但活着不是为了吃饭。
[西塞罗] 古罗马政治家 | 前 106—前 43

要像明天就要死去一样活着，要像永远都会活着一样学习。
[莫罕达斯·甘地] 印度国父、社会运动家 | 1869—1948

LOVE
爱

做个"宠妻狂魔"

Be a chong-qi-kuang-mo.

60 做个"宠妻狂魔"

[歌德] 德国剧作家 | 1749—1832

歌德将自身的恋爱经验升华到文学层面,留下了诸如《少年维特之烦恼》等文学作品。但是,他倾慕的对象要么是朋友的未婚妻,要么是有夫之妇,所以总是十分苦恼。最后,歌德娶了一位在造花厂工作的普通姑娘。他曾如此描述婚姻:"能在自己的家里找寻到平静的,是最幸福的人。"由于经常只身外出,歌德总是不在家。但是,作为曾经的风流人物,歌德与妻子相濡以沫长达28年,直到妻子去世。歌德在妻子去世时痛哭道:"不要留下我一个人!"

恋爱是一件充满刺激与美好的事情,最难得的便是能有一位深爱终生的伴侣。

名人名言

家庭和睦是人生的第一幸福。其内涵就是指夫妻彼此深爱,仅此而已。
[尾崎红叶] 日本明治时期小说家 | 1868—1903

夫妻是一个整体,而不是一分为二。
[文森特·威廉·凡·高] 荷兰画家 | 1853—1890

人生最快乐的时刻,莫过于用只有两个人能懂的语言
分享只属于两个人的秘密和快乐。
[歌德] 德国剧作家 | 1749—1832

今天你尽孝了吗？

Are you being a dutiful child?

| 61 | 今天你尽孝了吗？ |

[丰臣秀吉] 日本战国时期武将 | 1537—1598

1582 年的本能寺之变中，织田信长遭明智光秀反叛，丰臣秀吉的母亲仲深感性命之忧，便决定躲起来。秀吉打败明智回到长滨城后，发现家中已人去楼空，便急忙命家臣四处打听家人去向，后来得知母亲躲藏在偏远深山的一座寺庙里。"即刻前去迎回母亲！"秀吉连夜骑马赶路，终于在第二天傍晚见到了母亲。据说在回城的路上，经过危险的路段时，秀吉便亲自背着年近七十的母亲赶路。或许正是因为秀吉如此珍惜自己的亲人，才有了那么多仰慕他的优秀追随者。

即使每天的生活十分忙碌，我们也不能忘记对父母的爱与感谢。

名人名言

孝行是所有行为的根本。
[李滉] 朝鲜李朝儒学家 | 1501—1570

你能为促进世界和平做些什么呢？回家去爱你的家人吧。
[特雷莎修女] 印度修女 | 1910—1997

治家比治国还要困难。
[蒙泰涅] 法国思想家 | 1533—1592

重任使你更强大

Bearing a burden only makes you stronger.

62 重任使你更强大

[弗洛伦斯·南丁格尔] 英国护理教育学家 | 1820—1910

1854年，克里米亚战争的惨况传到英国，南丁格尔听闻消息，便率领38名护士奔向战争前线。接待伤兵的医院卫生条件极差，最多的时候甚至有12000名患者。南丁格尔除了护理工作外，还负责物资运输、护士总指挥、整理统计资料、向医生和军部寻求帮助，同时还致力于改善卫生条件和医院设计。到了晚上，她便手提风灯在长达6000米的营区里巡视伤者情况，因此被称为"提灯女神"。战士们仅仅是看着她的身影，内心便可得到治愈。

肩负重任绝非易事，可这会让你取得明显成长。

名人名言

生命和崇高的责任联系在一起。
[车尔尼雪夫斯基] 俄国作家 | 1828—1889

责任是成长所必需的。它是所有事情的开端。
[彼得·德鲁克] 奥地利经济学家、现代管理学之父 | 1909—2005

若认为自己单独搬不起一块石头，那么两个人也同样搬不起来。
[歌德] 德国剧作家 | 1749—1832

独乐乐不如众乐乐

Being happy together is better than being happy alone.

63 独乐乐不如众乐乐

[约翰·列侬] 英国音乐家 | 1940—1980

[保罗·麦卡特尼] 英国音乐家 | 1942—

据说约翰·列侬在率领业余乐队"采石工人"演出时,因为记不住歌词就只能胡乱喊叫,也没有自己作曲的作品。保罗·麦卡特尼的加入改变了这种情况。保罗成为乐队成员后,约翰深受他的影响,开始了自己的作曲生涯。后来两个人开始一起作曲,仅在最初几年就完成了100多首作品。约翰擅长创作最初的旋律,但是不擅长应对节奏的变化;而保罗则擅长创作曲子的高潮部分。就这样,两个人取长补短,日后成立"披头士乐队",留下了很多脍炙人口的经典作品。

让我们去寻找可以相互提高能力的优秀伙伴吧!

名人名言

人对自身的认识就像处在黑暗混沌中一样,
要想了解自己必须借助别人的力量。
[卡尔·古斯塔夫·荣格] 瑞士心理学家 | 1875—1961

我们在认识自己的同时,也邂逅别人心中的自己,这便是命运的相遇。
[冈本太郎] 日本艺术家 | 1911—1996

若能在合适的时机与志同道合的朋友做志趣相投的事情,
那么便能完成艰巨的任务。
[麦尔斯·德威·戴维斯三世] 美国爵士乐演奏家 | 1926—1991

拥有生命中比你更重要的人

Have people in your life more important than you.

64 拥有生命中比你更重要的人

[野口鹿] 日本生物学家野口英世之母 | 1853—1918

野口英世在黄热病与梅毒研究方面的成果丰硕。一岁的时候，英世遭遇了严重的烧伤，致使他的左手手指全都黏结在一起。对此深深自责的母亲鹿心想："这孩子手有残疾不能干农活，只有让他靠学问才能出人头地。"为了赚取学费，母亲不分昼夜地劳作。她把孩子哄睡以后就去猪苗代湖里捕捉鱼虾，还在冬天肩负 20 多千克的货物上山，只因为这项工作的酬劳比其他工作高。直到英世从高小① 毕业，十年来母亲一直过着艰苦的生活。

无论生活多么艰难，只要为了深爱的人，就一定能够坚持过去。

名人名言

人生中唯一一个毋庸置疑的幸福便是为了别人而活。
[列夫·托尔斯泰] 俄国作家 | 1828—1910

无论什么社会，没有什么投资比向孩子提供牛奶更重要。
[温斯顿·丘吉尔] 英国政治家 | 1874—1965

有勇气的人总是最后考虑个人问题。
[弗里德里希·冯·席勒] 德国诗人 | 1759—1805

① 译注：高等小学校，存在于明治维新到第二次世界大战爆发之间，四年制。

以各种方式表达感恩

Express gratitude in various ways.

65　以各种方式表达感恩

[罗纳德·里根] 美国第 40 任总统 | 1911—2004

第40 任美国总统罗纳德·里根不仅仅在圣诞节这种特殊节日里，在平时也会给妻子南希写信。南希曾说："他的书信欢快而温暖，充满想象力。他每次出差我都会感到无比寂寞，可是只要他的信一到，我就会忘掉周围的一切，全身心地去阅读他的来信。"在即将迎来和南希的金婚纪念日时，里根患上了老年痴呆症，即使这样，他也在意识尚清醒的时候给南希写了一封信。2002 年 3 月 4 日，在他们的金婚纪念日当天——尽管此时里根已经完全丧失意识——南希收到了丈夫的信，信上说："致我一生中唯一的女人。跟你生活了 50 年仍觉不够。我还想做你幸福的丈夫……"

有爱，就要大胆地表现！

名人名言

生活中要经常表达自己真诚的谢意，这是结交朋友、鼓动别人的秘诀。
[戴尔·卡耐基] 美国作家 | 1888—1955

心存感谢但不表达它，如同买了礼物但不送出去。
[威廉·亚瑟·沃德] 英国哲学家 | 1921—1994

我们对爱和欣赏的渴求远甚于对面包的渴求。
[特雷莎修女] 印度修女 | 1910—1997

动物一览

在此对本书65种动物的生态环境和行为特征做简单介绍。它们灵活运用各自的"看家本领"在地球上繁衍生息。

05 / 亚洲小爪水獭 Oriental short-clawed otter

【分布】南亚、东亚、东南亚
【生存环境】河边、海边
【身高·体重】45—61厘米，1—5千克
【特征】亚洲小爪水獭平均寿命约为13岁，两岁成熟，十岁以前可繁殖。无特定繁殖期，一年可生育多次。

01 / 帝企鹅 Emperor penguin

【分布】南极大陆周边
【生存环境】海边、冰原
【身高·体重】100—130厘米，20—45千克
【特征】帝企鹅在陆地上步态缓慢，但在水中的游泳速度极快。当要爬上冰面时，它便会从海里飞速冲出，颇有气势。

06 / 高冠变色龙 Veiled chameleon

【分布】也门
【生存环境】森林
【身高·体重】45—60厘米，150—300千克
【特征】当危险来临时，高冠变色龙身体会膨胀，体色也随之发生变化。它们缓慢移动时可以模仿树叶等物体的颜色。

02 / 棕熊 Brown bear

【分布】北美北部、西北部、北欧、亚洲
【生存环境】森林、山、草原
【身高·体重】2—3米，100—1000千克
【特征】棕熊的视力和听力水平跟人类差不多，嗅觉异常发达。通过碰触鼻尖、互闻体味来打招呼。

07 / 花栗鼠 Chipmunk

【分布】北美、北亚
【生存环境】森林
【身高·体重】12—17厘米，80—150克
【特征】花栗鼠脸颊内侧有被称为"颊囊"的袋状构造，因为弹性较大，可以把食物装进去搬运，花栗鼠有时也会把食物埋在地里藏起来。

03 / 大猩猩 Gorilla

【分布】中非
【生存环境】森林
【身高·体重】1.3—1.9米，68—200千克
【特征】大猩猩平时性格温和细腻，但是在向雌性求爱时，会做出诸如突然奔跑或者拍打胸脯等大幅度的激烈动作。

08 / 狮子 Lion

【分布】非洲、南亚
【生存环境】草原、沙漠
【身高·体重】1.7—2.5米，150—250千克
【特征】为了捍卫自己的领地，狮子有时会咆哮，但大都是在晚上，八千米之外都可以听见它们的声音。狮子的吼声低沉而缓慢，最后会伴有短暂的呜呜声。

04 / 大熊猫 Giant panda

【分布】东亚
【生存环境】森林、山
【身高·体重】1.6—1.9米，70—125千克
【特征】由于大肠和盲肠较短，营养吸收率低，所以大熊猫一天大部分时间都在吃竹子。大熊猫每天很少行走500米以上，一旦走动就只会沿着同一路线。

09 / 红大袋鼠 Red kangaroo

【分布】澳大利亚全境
【生存环境】森林、沙漠、草原
【身高·体重】1—1.6米，25—90千克
【特征】袋鼠的午睡姿势跟人类的姿势相似，或仰睡，或枕着一侧胳膊睡。

10 座头鲸 Humpback whale

【分布】世界范围海域内
【生存环境】海洋
【身高·体重】13—14米,25—30吨
【特征】鲸鱼幅度巨大的跳跃动作被称为"跃水"。鲸鱼"跃水"的原因至今仍未可知,有人认为是为了摆脱身上的寄生虫,也有人认为是为了交流。

15 红鹳 Greater flamingo

【分布】中美、南美、加勒比海、西南欧、亚洲、非洲
【生存环境】湿地、海边
【身高·体重】1.5米,4千克
【特征】冬季会迁徙至温暖地带。飞行速度为每小时50千米,移动距离可长达500千米。

11 马鹿 Red deer

【分布】欧洲、东亚、北美
【生存环境】森林、草原
【身高·体重】1.5—2米,65—190千克
【特征】马鹿通常在早晨和傍晚活动,但到了狩猎期会改为夜间活动。冬天吃树皮。

16 臭鼬 Striped skunk

【分布】加拿大中部至墨西哥北部
【生存环境】森林、城市
【身高·体重】28—38厘米,1.5—3千克
【特征】察觉到危险时会弓起背、竖起尾巴恐吓对方,甚至会从肛门处的臭腺中喷出恶臭的液体。

12 加拉帕戈斯象龟 Galapagos tortoise

【分布】加拉帕戈斯群岛
【生存环境】陆地
【身高·体重】最大1.2米,200—300千克
【特征】一天不停歇地吃草,若发现营养丰富的水果就会快速爬过去。其速度是普通陆龟的六倍以上。

17 北美野山羊 Mountain goat

【分布】加拿大西部、美国北部和西部
【生存环境】山地、旷野、冰山
【身高·体重】1.2—1.6米,46—140千克
【特征】出生不久即可跟随母亲来回走动,能适应险峻地形的蹄子可攀爬岩石峭壁。

13 婆罗洲猩猩 Bornean orangutan

【分布】东南亚(婆罗洲)
【生存环境】森林
【身高·体重】1.1—1.4米,40—80千克
【特征】猩猩在马来语里意为"森林人"。哺乳动物中猩猩的智商仅次于人类,经过训练可使用手语,也可猜谜语。

18 双峰骆驼 Bactrian camel

【分布】中亚
【生存环境】沙漠、草原地带
【身高·体重】2.5—3米,450—690千克
【特征】驼峰里贮存着能量和水分,5—8天不吃食物仍可生存。一天可行走60千米。

14 湾鳄 Saltwater crocodile

【分布】亚洲东南部、澳大利亚北部
【生存环境】河边、海边
【身高·体重】5—7米,450—1000千克
【特征】湾鳄处于淡水领域生存金字塔的顶端。因为是变温动物,所以会在享受日光浴时张开大嘴使体温升高。

19 水豚 Capybara

【分布】非洲北部、东部
【生存环境】草原、河边
【身高·体重】1.1—1.3米,35—66千克
【特征】水豚在温暖气候下生存,不耐寒,冬季因皮肤干燥会浸泡在温泉里。洗浴时会像人类一样闭着眼睛,做出十分享受的样子。

20	考拉 Koala	【分布】澳大利亚东部 【生存环境】森林 【身高·体重】65—82厘米，4—15千克 【特征】考拉的主食是桉树叶，这些叶子不仅营养价值不高，而且具有很强的毒性，考拉一天需要18—20个小时的睡眠来储存消化这些叶子的能量。	25	仓鼠 Hamster	【分布】从欧洲至亚洲 【生存环境】沙漠、草原、森林 【身高·体重】有种类差异，7—20厘米，30—150克 【特征】仓鼠的听力系统十分发达，只要一有响动就会站起来竖起耳朵侦查，有时还会被自己睡觉的声音吓得从睡梦中跳起来。

21	麻斑海豹 Harbor seal	【分布】北大西洋、北太平洋 【生存环境】海边 【身高·体重】120—200厘米，50—170千克 【特征】开心的时候会上下摆尾巴。短小的前爪有五个长有指甲的手指，用于攀爬斜坡岩石，或者给脑袋抓痒痒。	26	红领长尾绿鹦鹉 Rose-ringed parakeet	【分布】非洲西部至东部，亚洲南部 【生存环境】森林、沙漠 【身高·体重】40厘米，125克 【特征】红领长尾绿鹦鹉有很强的好奇心，喜欢玩耍，可大量模仿人说话，经常跳被称为"红领舞"的舞蹈动作，因此成了宠物界的"明星"。

22	白海豚 Beluga	【分布】北冰洋 【生存环境】海洋中 【身高·体重】4—5.5米，1—1.5吨 【特征】白海豚是一种高度社会化的动物，可用喙前额头上被称为"额隆"的脂肪组织进行交流，还能自行改变"额隆"的形状。	27	海獭 Sea otter	【分布】北太平洋沿岸 【生存环境】海边、海中 【身高·体重】55—130厘米，21—28千克 【特征】因为海獭的前肢没有毛，身体难以保持恒温，所以它们经常露出水面。进食完毕后它们会用前肢梳理自己的皮毛。

23	河马 Hippopotamus	【分布】非洲赤道附近 【生存环境】水中、河边 【身高·体重】2.7—3.5米，2.5—3.5吨 【特征】经常有鸟儿停在河马的头部或者身体上。这是因为河马身上长有诱发皮肤病和感染病的寄生虫，而河马皮肤敏感，所以那些前来捕食寄生虫的小鸟很受欢迎。	28	雨蛙 Tree frog	【分布】世界各地 【生存环境】森林、河边、城市 【身高·体重】3—10厘米，2—120克 【特征】雨蛙通过后腿跳跃可摆脱敌人或者捕捉虫子。在水中生活的雨蛙长有蹼，在树上生活的则长有吸盘。

24	野猪 Wild boar	【分布】欧洲、亚洲、北非 【生存环境】森林、河边 【身高·体重】0.9—1.8米，最大200千克 【特征】野猪幼崽背部长有的白色条纹是它们在森林中生存的"迷彩服"，长大后不再需要时便会消失。	29	老虎 Tiger	【分布】南亚、东亚 【生存环境】森林、热带雨林、山地 【身高·体重】1.4—2.8米，100—300千克 【特征】当藏在森林里时，老虎条纹状外表便成为它的"伪装"。此外，老虎捕食猎物时异常小心谨慎。

30	草原犬鼠 Prairie dog 	【分布】美洲中部 【生存环境】草原 【身高·体重】30—40厘米，0.7—1.7千克 【特征】草原犬鼠为食草性动物，主要以苔草、毛糙等禾本科植物为食。但是一直吃同种食物就会厌倦，因此它们也会变换口味。	35	赤狐 Red fox 	【分布】以北极为主，世界各地都有分布 【生存环境】森林、山地、沙漠、极地、城市 【身高·体重】58—90厘米，3—11千克 【特征】巢穴多建在岩石或者树根间隙里，有时也会建在仓库下面等隐蔽的地方。可与捕食动物和平相处、共享巢穴。
31	毛里求斯飞狐 Rodriguez flying fox 	【分布】印度洋诸岛屿 【生存环境】森林 【身高·体重】35厘米，250—275克 【特征】爪子呈钩状，可倒挂在树枝上面。通过伸展前肢和手指形成飞膜，飞膜相当于翅膀，可弯曲折叠。	36	白鼬 Stoat 	【分布】北美、格陵兰岛、欧洲、北亚、东亚 【生存环境】森林、山地、极地 【身高·体重】17—24厘米，60—200克 【特征】鼬科中白鼬的后腿较长，具有发达的跳跃能力。靠后腿站立，也经常去周围闲逛。
32	热带草原斑马 Plains zebra 	【分布】东非至非洲南部 【生存环境】草原 【身高·体重】2—2.5米，175—385千克 【特征】据说，除了灵长类以外，其他的哺乳动物从远处看斑马时，都会因其跟草原相似的黑白条纹而分辨不清斑马的正体。	37	斑鬣狗 Spotted hyena 	【分布】西非至东非、非洲南部 【生存环境】山地、沙漠、草原 【身高·体重】1.3米，62—70千克 【特征】斑鬣狗长有强壮的头骨和下颌，加之消化系统发达，因此可以咬碎消化其他动物吃剩的骨头。另外也可利用飞快的奔跑速度自己去捕猎。
33	蜗牛 Snail 	【分布】世界各地 【生存环境】森林、草原、山地、城市 【身高·体重】种类有别，一般为1毫米—20厘米，1—1000克 【特征】蜗牛因在陆地上完成进化，所以用肺呼吸。时速6米，从后往前呈波状前行，其移动形态被称为"前进波"。	38	鸵鸟 Ostrich 	【分布】非洲西部至东部 【生存环境】热带气候、沙漠、草原 【身高·体重】2.1—2.8米，100—160千克 【特征】鸵鸟虽有巨大的翅膀，但不能飞翔。取而代之，鸵鸟跑得非常快，视觉、听觉发达。
34	斗篷蜥 Frilled lizard 	【分布】新几内亚南部、澳大利亚北部 【生存环境】森林、草原 【身高·体重】60—70厘米，0.5千克 【特征】斗篷蜥在求偶期或受到威胁时会长开披肩状的褶皱皮肤。当意识到敌人比自己厉害时，也会张着"披肩"落荒而逃。	39	猪 Pig 	【分布】世界各地 【生存环境】家畜 【身高·体重】有品种差异，一般为1—2米，100—200千克 【特征】猪的智力水平较高，经调教会表演才艺，还可记住自己的名字。猪天生爱干净，故排泄场所必须远离喂食或者睡觉的地方。

40 绵羊 Sheep

【分布】世界各地
【生存环境】家畜
【身高·体重】有品种差异，一般为 110—200 厘米，45—160 千克
【特征】绵羊为群居动物，离开羊群会深感压力。或许因为这个，它们喜欢跟着头羊走。

45 浣熊 Common raccoon

【分布】加拿大南部至中美洲
【生存环境】草原、森林、城市
【身高·体重】40—65 厘米，3—8 千克
【特征】浣熊的前爪十分灵活，可扒开覆盖在食物上的泥土或者在水中清洗食物。另外还会爬树、挖土、开关门等。

41 刺猬 Hedgehog

【分布】欧洲、非洲、中东、东亚
【生存环境】森林、草原
【身高·体重】有品种差异，一般为 17—25 厘米，250—700 克
【特征】刺猬的体毛一根根硬化成为像针一样的刺，可用来抵御外敌、保护自己。

46 牛 Cattle

【分布】世界各地
【生存环境】家畜
【身高·体重】有品种差异，一般为 1.3—1.7 米，0.45—1.8 吨
【特征】牛以领头者为中心群居。有新成员加入时，会用牛角冲撞比拼实力，领头者一旦决定下来，牛群就会再次恢复平静。

42 小熊猫 Lesser panda

【分布】南亚至东南亚
【生存环境】森林、山地
【身高·体重】50—64 厘米，3—6 千克
【特征】小熊猫会用臭腺里释放的臭气来标记自己的领地，交流时会发出像短笛般的尖叫声。

47 印度孔雀 Indian peafowl

【分布】亚洲南部
【生存环境】森林
【身高·体重】1.8—2.3 米，4—6 千克
【特征】雄鸟有眼状斑模样的华丽尾屏，求偶时会展开尾屏摇摆着做出各种求爱动作。展开后尾巴的长度可达全身长度的 60%。

43 亚洲象 Asian elephant

【分布】南亚、东南亚
【生存环境】森林、山地
【身高·体重】最大 3.5 米，2—5 吨
【特征】大象的鼻子作为其第五条腿，可用来拔草、推倒大树、吹起水或沙子。经训练还可使用画笔。

48 大狒狒 Chacma baboon

【分布】非洲南部
【生存环境】山地、沙漠、森林、河岸
【身高·体重】60—82 厘米，15—30 千克
【特征】大狒狒在地面上生活，拥有复杂的配偶关系，是高度社会化的动物。有调查显示它们在野外会使用树枝等工具。

44 澳大利亚鹈鹕 Australian pelican

【分布】澳大利亚、塔斯马尼亚
【生存环境】河边、海边
【身高·体重】150—190 厘米，4—6.8 千克
【特征】澳大利亚鹈鹕有长达 40—50 厘米的喙。喙的下端可自由伸缩，最多可装 13 升食物。

49 北京鸭 Peking duck

【分布】世界各地
【生存环境】家禽、池塘、沼泽、河边
【身高·体重】50—60 厘米，3—5 千克
【特征】雏鸭呈黄色，长大后羽毛更换为白色。因为是水鸟，所以喜欢游泳。

50 羊驼 Alpaca

【分布】南美洲西部
【生存环境】家畜、草原
【身高·体重】约2米，50—55千克
【特征】羊驼好奇心旺盛，但容易受惊。为了战胜恶劣的环境，身上的毛保湿性高且细软。若人类不对其加以修剪，羊毛会一直生长。

55 三趾树懒 Three-toed sloth

【分布】南美洲、中美洲
【生存环境】森林
【身高·体重】50—60厘米，4千克
【特征】树懒在树上倒挂着度过它们的一生，只有在排泄的时候才会下到地面上，而且一周只有一次。皮毛上可生长苔藓，那也是它们的食物。

51 大雕鸮 Great horned owl

【分布】美洲大陆
【生存环境】森林、山地
【身高·体重】50—60厘米，675—2500克
【特征】虽然没有色觉，但眼睛上有很多极其敏感的细胞，所以即便在夜里也能看清楚。在哺育期或者天敌较少的地方，白天也会外出觅食。

56 母鸡 Chicken

【分布】世界各地
【生存环境】家禽
【身高·体重】80厘米，0.5—1.5千克
【特征】母鸡不会直接给雏鸡喂食，刚生下来的小鸡能立即跟随父母觅食。鸡妈妈在遇到危险时会张开翅膀来威慑对方。

52 马 Horse

【分布】世界各地，原产为北美大陆
【生存环境】草原、山地
【身高·体重】有品种差异，一般为80—200厘米，30—1000千克
【特征】马最爱吃胡萝卜，但这只不过是零食或者奖励。主食为干草，一天可进食10千克以上。

57 鲸头鹳 Shoebill

【分布】中美洲
【生存环境】湿地、河边
【身高·体重】1.1—1.4米，4.5—6.5千克
【特征】觅食时，鲸头鹳可连续数小时一动不动。它会一直站在水边，瞄准时机，一举捕获游到水面的鱼儿。

53 美洲河狸 American beaver

【分布】北美洲
【生存环境】湿地、河边
【身高·体重】74—88厘米，11—26千克
【特征】据说除了人类以外，河狸是唯一可以改造周边环境的动物。因长有大而坚固的门齿，所以仅需十分钟就可把一棵直径为15厘米的树咬断。

58 灰狼 Gray wolf

【分布】北美洲、格陵兰岛、欧洲、亚洲
【生存环境】森林、山地、极地
【身高·体重】1—1.5米，16—60千克
【特征】幼狼长大后便离开狼群独自闯荡。为了捍卫自己的领地，它们会向着远方长啸，叫声可传10千米。

54 橘冠凤头鹦鹉 Citron-crested cockatoo

【分布】印度尼西亚
【生存环境】森林
【身高·体重】35厘米，450克
【特征】头上的深黄色鸡冠被称为"冠羽"。平时"冠羽"总是平趴在头上，保持警惕或者兴奋的时候便会竖起来。橘冠凤头鹦鹉跟人很亲近，十分擅长模仿。

59 马来貘 Malayan tapir

【分布】东南亚
【生存环境】森林
【身高·体重】1.8—2.5米，250—540千克
【特征】马来貘在过去的3500万年间几乎没有变化，所以被称为"活化石"。马来貘的所有同类均为濒危物种。

60 / 白犀 White rhinoceros	【分布】西非、东非、非洲南部 【生存环境】草原 【身高·体重】3.3—4.2米，1.4—3.6吨 【特征】白犀一般单独行动，但有时也和家人群居。因为犀牛的视力很弱，求偶时只能互碰犀角，靠气味和鼻息来求爱。	63 / 长颈鹿 Giraffe	【分布】非洲 【生存环境】草原 【身高·体重】3.8—4.7米，0.6—1.9吨 【特征】2—10头长颈鹿为一个集体共同生活。在种群中有类似于保育院的地方，被称为"托儿所"，成年长颈鹿轮番照看幼崽。

61 / 猫鼬 Meerkat	【分布】非洲南部 【生存环境】沙漠、草原 【身高·体重】25—35厘米，600—975克 【特征】猫鼬的社会程度很高，会在由30多只成员组成的集体中共同生活。它们在群居时没有繁殖活动，有负责保护幼崽、哺乳和教育的特定成员。	64 / 北极熊 Polar bear	【分布】北极、加拿大北部 【生存环境】海边、冰山 【身高·体重】2.1—3.4米，400—680千克 【特征】刚出生的幼熊体重约有600克。等长到能够适应外面恶劣的自然环境之后（大约10千克），就会跟在母亲后面去到巢穴外面。

62 / 驴 Donkey	【分布】世界各地，原产地为索马里和埃及等北非地区 【生存环境】家畜 【身高·体重】2—2.5米，200—260千克 【特征】一般认为，约在公元前3000年，野驴被驯养成家畜，于是便有了现在的驴。它们是运送货物的主力。	65 / 兔子 Rabbit	【分布】原产地为欧洲西南部、非洲西北部 【生存环境】草原 【身高·体重】34—50厘米，1—2.5千克 【特征】兔子的全身皆可用来表达情绪。想要玩耍时会用鼻尖碰触或者舔舐对方，从鼻子里发出声响则表示开心。

图片提供

123RF	2,8,9,10,14,15,18,20,31,33,35,39,41,47,51,54,59,60
gettyimages	3,6,7,12,17,21,25,27,34,36,44,45,48,49,61,62,63,64
shutterstock	4,22,26,28,29,42,57
iStockphoto	11,16,30,37,43,53,58
Pixta	5,19,24,32,50
amana	1,23,52,65
corbis	38,40,46,56
fotolia	13,55

参考文献

《人を動かす「名言・逸話」大集成》铃木健二 篠泽秀夫 主编 讲谈社
《一日一話活用事典：人を動かす》讲谈社
《世界人物逸話大事典》朝仓治彦 三浦一郎 编 角川书店
《決定版 心をそだてるはじめての伝記101人》讲谈社
《あの偉人たちを育てた子供時代の習慣》木原武一 PHP 研究所
《偉人たちの意外な「泣き言」》造事务所 编著 PHP 文库
《にっぽん企業家烈伝》村桥胜子 日本经济新闻社
《創造の狂気ウォルト・ディズニー》尼尔・盖博拉 著 中谷和男 译 Diamond 社
《ウォルト・ディズニー すべては夢見ることから始まる》PHP 研究所编 PHP 研究所
《図説エジソン大百科》山川正光 Ohm 社出版局
《快人エジソン：奇才は21世紀に甦る》滨田和幸 日本经济新闻社
《ケネディ：「神話」と実像》土田宏 中央公论新社
《ゲバラ最期の時》户井十月 集英社
《坂本龍馬のすべてがわかる本 敵さえも味方につけた男のすごさ》风卷弦一 三笠书房
《スティーブ・ジョブズ 神の交渉力：このやり口には逆らえない！》竹内正一 经济界
《スティーブ・ジョブズ 神の遺言》桑原晃弥 经济界
《ソクラテス・イエス・ブッダ：三賢人の言葉、そして生涯》埃里克・伦纳弗 著 神田顺子 清水珠代 山川洋子 译 柏书界
《逆風野郎！ダイソン成功物語》詹姆斯・戴森 著 樫村志保 译 日经BP社
《沢庵和尚心にしみる88話》牛进觉心 编著 国书刊行会
《ビートルズ：世界をゆるがした少年たち》正津勉 Bronze 新社
《本田宗一郎 夢を力に：私の履歴書》本田宗一郎 日本经济新闻社
《人生を幸せへと導く13の習慣》本杰明・富兰克林 著 haiburo 武藏 译・解说 综合法令出版社
《マーク・ザッカーバーグ史上最速の仕事術》桑原晃弥 Softbank Creative
《マイケル・ジョーダン物語》鲍勃・格林 著 菊谷匡祐 译 集英社
《マリリン・モンローという生き方》山口路子 新人物往来社
《棟方志功：わだばゴッホになる》栋方志功 日本图书中心
《モハメド・アリ：その闘いのすべて》大卫・莱姆尼克 著 佐佐木纯子 译 阪急 communications
《世界でいちばん愛しい人へ：大統領から妻への最高のラブレター》罗纳德・里根 南希・里根 著 中村浩美 译 PHP 研究所
《思いやりのこころ》木村耕一 编著 1万年堂出版
《新装版 親のこころ》木村耕一 编著 1万年堂出版
《新装版 親のこころ2》木村耕一 编著 1万年堂出版
《ことばのご馳走4》金平敬之助 东洋经济新报社
《どこまで本気！？世界の暴言・失言コレクション》暴言失言协议委员会 编 LEED 社
《わが出会い、想いのスターたち》淀川长治 每日新闻社

《5分で「やる気」が出る賢者の言葉:「プチ鬱」から抜け出す33の技術》斎藤孝 小学館
《100lnc》Emily Ross Angus Holland 著 宮本喜一 译 X-Knowledge 出版社
《この人についていきたい、と思わせる21の法則: 成功者に学ぶ人間力の磨き方》John Calvin Maxwell 著 弓场隆 译 Diamond 社
《小さく賭けろ！世界を変えた人と組織の成功の秘密》彼得・西姆斯 著 滑川海彦 高桥信夫 译 日经BP社
《夢を実現する戦略ノート》John Calvin Maxwell 著 斎藤孝 译 三笠书房
《「戦う自分」をつくる13の成功戦略》John Calvin Maxwell 著 渡辺美樹 監译 三笠书房
《COURRiER　Japon》2012.9,2014.2 讲谈社
《THE21》2009.11 PHP 研究所
《Men's　NON-NO》2012.12 集英社
《月間陸上競技》2003.11 讲谈社 / 陆上竞技社
《フォーブス　日本版》1999.4 晓星

《世界名言大辞典》梶原健 編著 明治书院
《世界名言・格言辞典》毛里斯・玛露 編 岛津智 译 东京堂出版
《世界名言集》岩波文庫編輯部 岩波书店
《成語林　別冊　世界の名言・名句》旺文社
《世界名言全書第一巻　幸福と希望と人生》河胜好藏 編 创元社
《愛蔵　座右の銘》"座右铭"研究会 編 Metoroporitanpureshu
《教養が滲み出る　極上の名言1300》斎藤茂太 主編 日本文艺社
《人生の指針が見つかる　座右の銘1300》別冊宝岛編輯部 編 宝岛社
《世界を動かした名言》B・Simpson 著 隅部真知子 译 野末陈平 主編 讲坛社
《NHK テレビギフト E 名言の世界　2010年4月号》日本广播出版协会
《NHK テレビギフト E 名言の世界　2010年5月号》日本广播出版协会
《NHK テレビギフト E 名言の世界　2010年6月号》日本广播出版协会
《NHK テレビギフト E 名言の世界　2010年7月号》日本广播出版协会
《人の心を動かす「名言」》石原慎太郎 KK Longsales
《フォー・リーダーズ》和田秀树 主編 韦斯・罗伯茨 著 渡会圭子 译 祥传社
《アメリカ・インディアンの書物より賢い言葉》Eriko Rowe 扶桑社
《世界動物大鑑賞》David Birney 日高敏隆 編 NEKO PUBLISHING

参考网站

名言索引 http://www.meigennavi.net/
名言DB http://systemincome.com/
网页石碑名言集 http://sekihi.net/
座右铭名言集 http://za-yu.com/

图书在版编目（CIP）数据

人生就是要幸福/（日）水野敬也,（日）长沼直树著；卢胜男译.—厦门：鹭江出版社，2019.6

ISBN 978-7-5459-1585-3

Ⅰ. ①人… Ⅱ. ①水… ②长… ③卢… Ⅲ. ①人生哲学—通俗读物 Ⅳ. ① B821-49

中国版本图书馆 CIP 数据核字（2019）第 057201 号

著作权合同登记号
图字：13-2019-018号
JINSEIWA ZOO(ZUTTO) TANOSHII
Copyright © 2014 Keiya Mizuno, Naoki Naganuma
Chinese translation rights in simplified characters arranged with BUNKYOSHA CO., LTD.
through Japan UNI Agency, Inc., Tokyo

RENSHENG JIUSHI YAO XINGFU

人生就是要幸福

（日）水野敬也　长沼直树　著　卢胜男　译

出版发行：鹭江出版社		
地　　址：厦门市湖明路 22 号	邮政编码：361004	
印　　刷：三河市兴博印务有限公司		
地　　址：河北省廊坊市三河市杨庄镇大窝头村西	邮政编码：065200	
开　　本：880mm×1230mm　1/32		
印　　张：5		
字　　数：93 千字		
版　　次：2019 年 6 月第 1 版　2019 年 6 月第 1 次印刷		
书　　号：ISBN 978-7-5459-1585-3		
定　　价：45.00 元		

如发现印装质量问题，请寄承印厂调换。